图书在版编目（CIP）数据

加古里子宇宙图鉴 /（日）加古里子著；丁虹译 . -- 济南：山东
文艺出版社 , 2020.2
ISBN 978-7-5329-5985-3

Ⅰ . ①加… Ⅱ . ①加… ②丁… Ⅲ . ①宇宙 – 少儿读
物 Ⅳ . ① P159-49

中国版本图书馆 CIP 数据核字 (2019) 第 285497 号

著作权登记图字：15-2019-337

UCHU (The Universe)
Text & Illustrations © Kako Research Institute Ltd. 1978
Originally published by FUKUINKAN SHOTEN PUBLISHERS, INC., Tokyo, 1978
Simplified Chinese translation rights arranged with FUKUINKAN SHOTEN
PUBLISHERS, INC., TOKYO.
through DAIKOUSHA INC., KAWAGOE.
All rights reserved.

加古里子宇宙图鉴

（日）加古里子 著
丁 虹 译

责任编辑	周学雷 韩淑英	**特邀编辑**	吴文静 黄 刚	
装帧设计	陈 玲	**内文制作**	陈 玲	

主管单位 山东出版传媒股份有限公司
出　　版 山东文艺出版社
社　　址 山东省济南市英雄山路189号
邮　　编 250002
网　　址 www.sdwypress.com
发　　行 新经典发行有限公司　电话（010）68423599

读者服务 0531-82098776（总编室）
　　　　　　0531-82098775（市场营销部）
电子邮箱 sdwy@sd.press.com.cn

印　　刷 北京尚唐印刷包装有限公司
开　　本 635mm×965mm　1/8
印　　张 9.5
字　　数 30千
版　　次 2020年2月第1版
印　　次 2020年2月第1次印刷
书　　号 ISBN 978-7-5329-5985-3
定　　价 79.00元

加古里子
宇宙图鉴

〔日〕加古里子 著　丁虹 译　　张子平 陈彬 审订

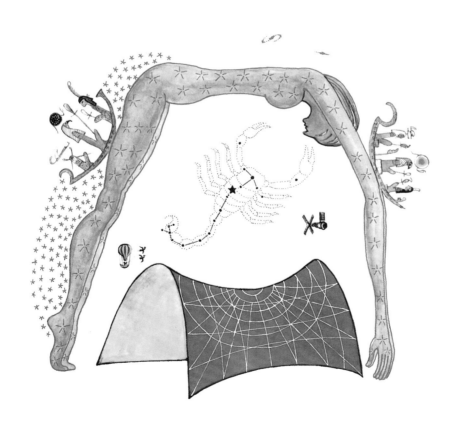

山东文艺出版社

30 —

你知道"跳蚤"吗？就是那种靠吸食人和动物的血为生的小虫子。

它能跳跃的最大高度是身长的 100 倍，能跳跃的最远距离则是身长的 150 倍。

20 —

照这样推算，如果跳蚤的身材和人一样大，它就能一下子跳过许多高楼大厦。

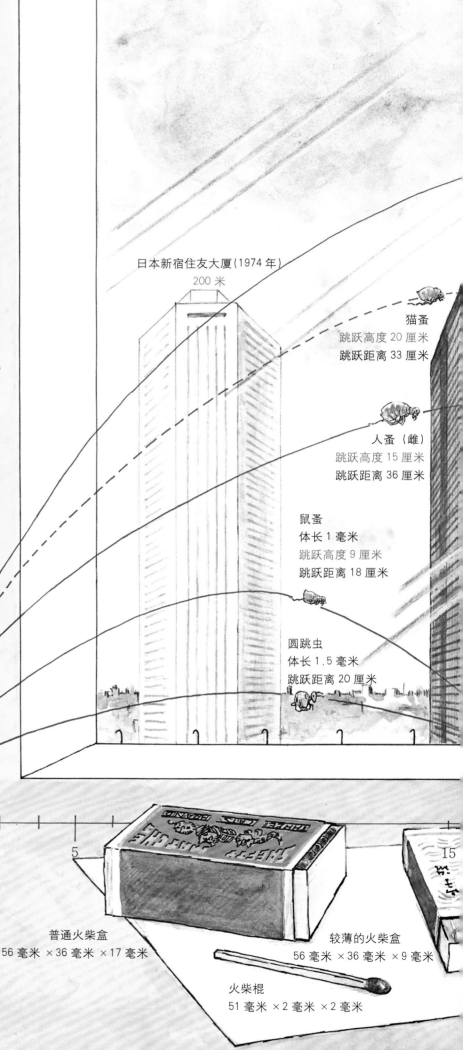

日本新宿住友大厦(1974 年)
200 米

猫蚤
跳跃高度 20 厘米
跳跃距离 33 厘米

人蚤（雌）
跳跃高度 15 厘米
跳跃距离 36 厘米

鼠蚤
体长 1 毫米
跳跃高度 9 厘米
跳跃距离 18 厘米

圆跳虫
体长 1.5 毫米
跳跃距离 20 厘米

10 —

昆虫的跳跃高度（厘米）

0 —

狗蚤

昆虫的跳跃距离（厘米）

0

5

15

普通火柴盒
56 毫米 ×36 毫米 ×17 毫米

较薄的火柴盒
56 毫米 ×36 毫米 ×9 毫米

火柴棍
51 毫米 ×2 毫米 ×2 毫米

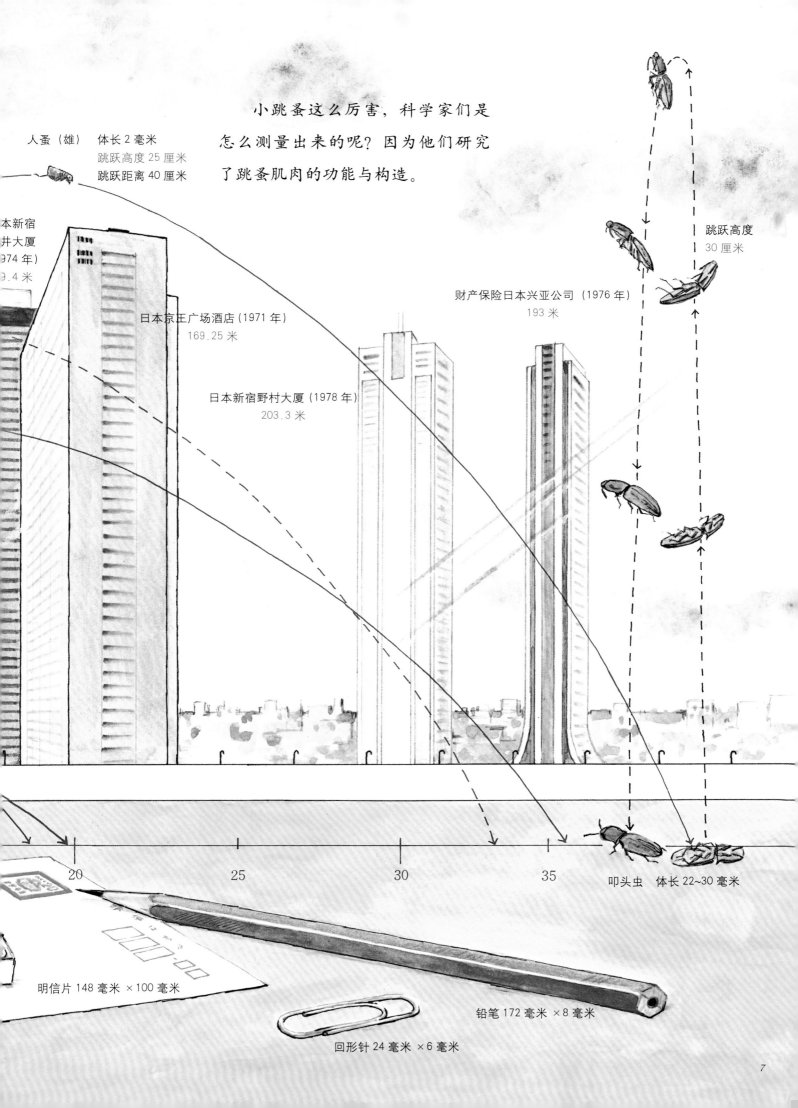

小跳蚤这么厉害，科学家们是怎么测量出来的呢？因为他们研究了跳蚤肌肉的功能与构造。

人蚤（雄）　体长 2 毫米
跳跃高度 25 厘米
跳跃距离 40 厘米

日本新宿
井大厦
974 年）
9.4 米

日本京王广场酒店（1971 年）
169.25 米

日本新宿野村大厦（1978 年）
203.3 米

财产保险日本兴亚公司（1976 年）
193 米

跳跃高度
30 厘米

叩头虫　体长 22~30 毫米

20　　　25　　　30　　　35

明信片 148 毫米 ×100 毫米

回形针 24 毫米 ×6 毫米

铅笔 172 毫米 ×8 毫米

昆虫的飞行速度
（米／秒）

0   0.5   1

300

天牛

除了跳蚤，草地和树林里的其
他昆虫也会跳。

250

色螅（cōng）

而且，其中有些昆虫不只会跳
跃，还能靠翅膀在空中飞，还有的
能迅速躲闪、穿梭自如。

菜粉蝶　1.8～2.3米／秒

200

胡蜂　1.8米／秒

身高或其他高度

蛇眼蝶

150

蚁蛉

螳螂

南方稻草螽（zhōng）

100

3岁 平均身高
男 96 厘米　女 95 厘米

5岁
男 110 厘米
女 109 厘米

8岁
男 127 厘米
女 126 厘米

蝗虫

50

厘米↑

豆娘

蚂蚱
75 厘米

金铃子

凯纳奥蟋

镰尾露螽

蟋蟀 60 厘米

0

飞虱
30 厘米

灶马
45 厘米

飞蝗 50 厘米

长额负蝗

昆虫的跳跃距离 →

菜青虫 1米／分钟

1

蚯蚓 0.6米／分钟

西瓜虫 0.4米／分钟

蜗牛 0.03～0.08米／分钟

尖盲蜈蚣

毛毛虫

动物的爬行速度
（米／分钟）

8

0   0.5   1

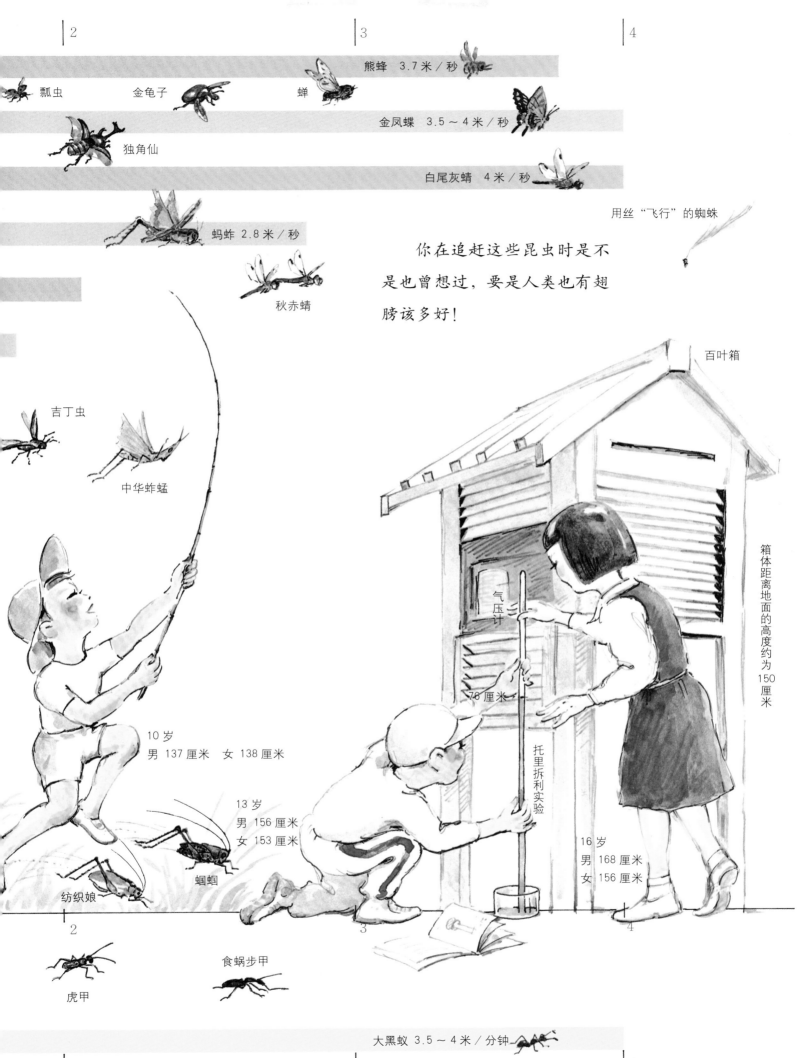

熊蜂　3.7米／秒

瓢虫　　　金龟子　　　　蝉

金凤蝶　3.5～4米／秒

独角仙

白尾灰蜻　4米／秒

用丝"飞行"的蜘蛛

蚂蚱　2.8米／秒

你在追赶这些昆虫时是不是也曾想过，要是人类也有翅膀该多好！

百叶箱

秋赤蜻

吉丁虫

中华蚱蜢

气压计

箱体距离地面的高度约为150厘米

78厘米

托里拆利实验

10岁
男 137厘米　女 138厘米

13岁
男 156厘米
女 153厘米

16岁
男 168厘米
女 156厘米

蝈蝈

纺织娘

|2 |3 |4

虎甲

食蜗步甲

大黑蚁　3.5～4米／分钟

我们人类虽然不能像蝴蝶和蜻蜓一样在空中飞来飞去，但可以凭借双腿在地上跳跃。

特别是那些跳高、跳远的运动员，他们能比普通人蹦得更高、跳得更远。

要想跳得更高、更远，只凭强壮的双腿和双膝是不够的，全身的肌肉都必须发达，肢体必须协调才行。

想达到这一点，跑步是非常有效的锻炼方式。

6

5

因纽特人的蹦床 5 米左右

4

3

跳跃高度 →

2

1

更格卢鼠
高度 1.5 米 距离 3.7 米

障碍赛跑
栏架高度为 76~107 厘米

助跑式跳远（10 岁）
男 3.07 米
女 2.82 米

眼镜猴
高度 1.1 米

跳蛙比赛 4.5 米（1971 年
（三段合计）

短尾矮袋鼠 距离 2.5 米

跳鼠 距离 3.5 米

0 米

1

2

3

4

立定跳远
4 岁 87 厘米
6 岁 110 厘米

袋跳鼠 距离 2 米

林跳鼠 距离 3 米

单脚跳
4 岁 27.7 厘米
6 岁 71.2 厘米

鼹鼠 1 米/分钟

弹涂鱼 0.5~1 米

巨龟 4 米/分钟

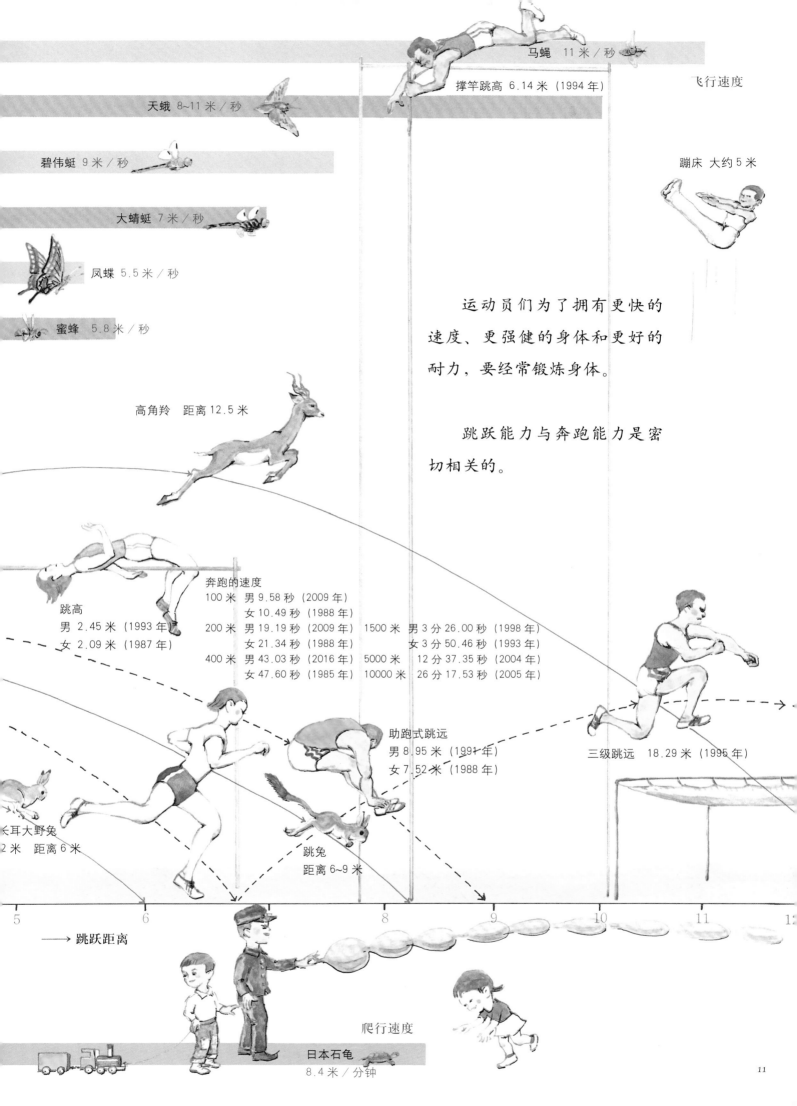

马蝇 11 米/秒

飞行速度

撑竿跳高 6.14 米 (1994 年)

天蛾 8~11 米/秒

碧伟蜓 9 米/秒

蹦床 大约 5 米

大蜻蜓 7 米/秒

凤蝶 5.5 米/秒

蜜蜂 5.8 米/秒

运动员们为了拥有更快的速度、更强健的身体和更好的耐力，要经常锻炼身体。

跳跃能力与奔跑能力是密切相关的。

高角羚 距离 12.5 米

跳高
男 2.45 米 (1993 年)
女 2.09 米 (1987 年)

奔跑的速度
100 米 男 9.58 秒 (2009 年)
      女 10.49 秒 (1988 年)
200 米 男 19.19 秒 (2009 年)   1500 米 男 3 分 26.00 秒 (1998 年)
      女 21.34 秒 (1988 年)   女 3 分 50.46 秒 (1993 年)
400 米 男 43.03 秒 (2016 年)   5000 米   12 分 37.35 秒 (2004 年)
      女 47.60 秒 (1985 年)   10000 米   26 分 17.53 秒 (2005 年)

助跑式跳远
男 8.95 米 (1991 年)
女 7.52 米 (1988 年)

三级跳远 18.29 米 (1995 年)

长耳大野兔
2 米 距离 6 米

跳兔
距离 6~9 米

5   6   8   9   10   11   12

→ 跳跃距离

爬行速度

日本石龟
8.4 米/分钟

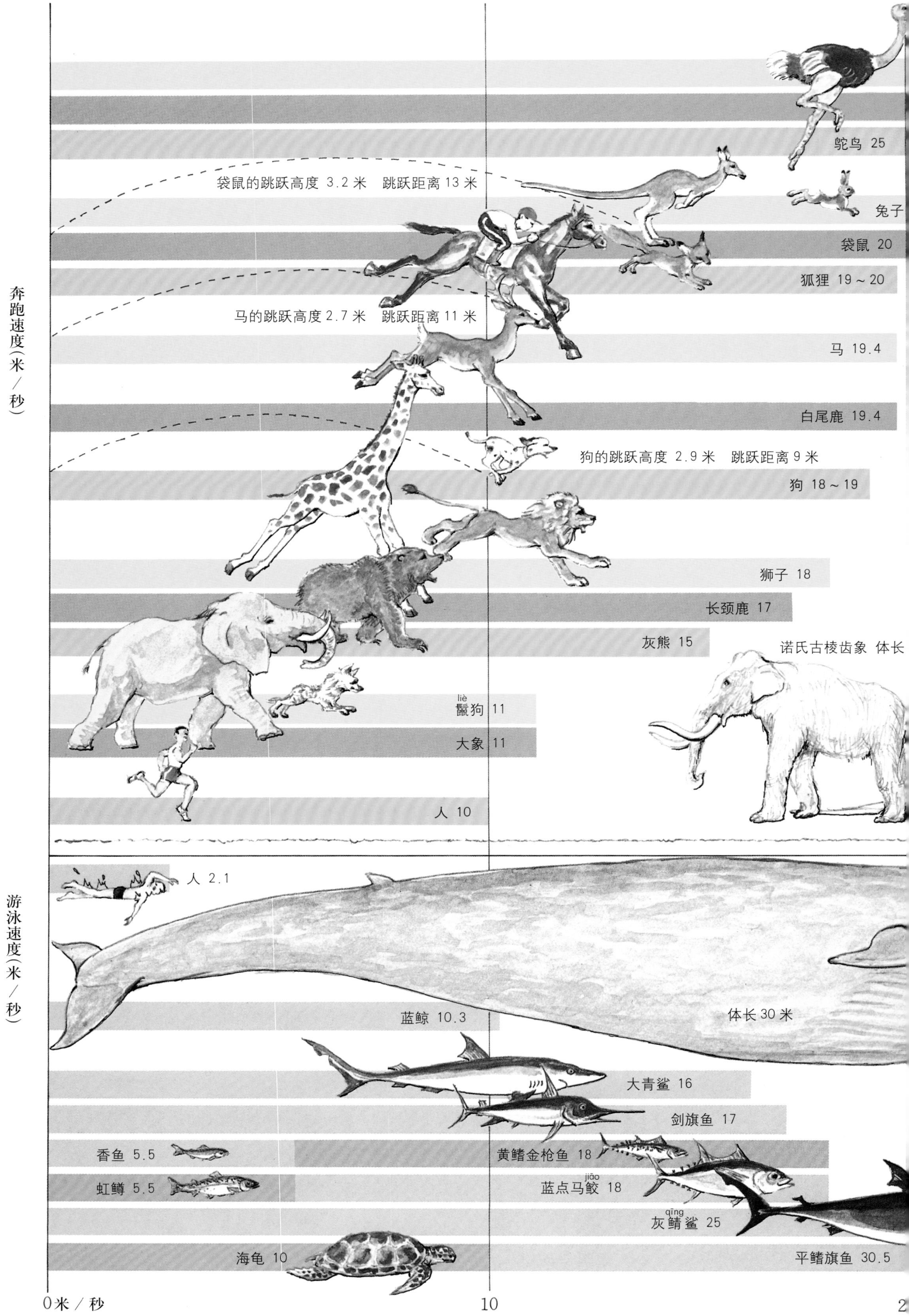

奔跑速度（米／秒）

鸵鸟 25

袋鼠的跳跃高度 3.2 米　跳跃距离 13 米

兔子

袋鼠 20

狐狸 19～20

马的跳跃高度 2.7 米　跳跃距离 11 米

马 19.4

白尾鹿 19.4

狗的跳跃高度 2.9 米　跳跃距离 9 米

狗 18～19

狮子 18

长颈鹿 17

灰熊 15

诺氏古棱齿象 体长

鬣(liè)狗 11

大象 11

人 10

游泳速度（米／秒）

人 2.1

蓝鲸 10.3

体长 30 米

大青鲨 16

剑旗鱼 17

香鱼 5.5

黄鳍金枪鱼 18

虹鳟 5.5

蓝点马鲛(jiāo) 18

灰鲭鲨 25

海龟 10

平鳍旗鱼 30.5

0 米／秒　　　　　　　　　　　　　　　10

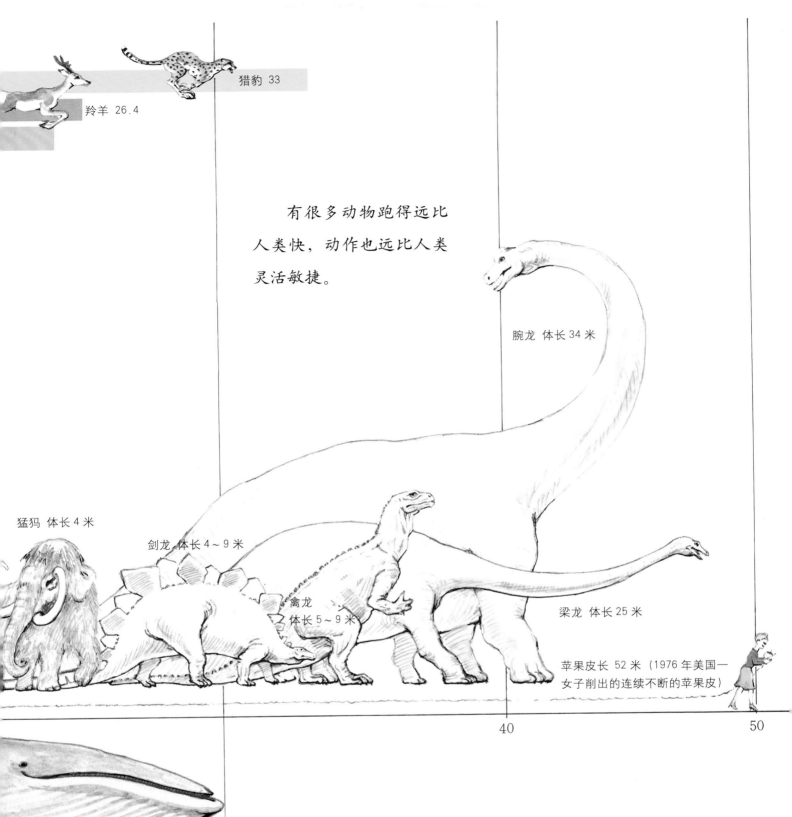

猎豹 33

羚羊 26.4

有很多动物跑得远比
人类快，动作也远比人类
灵活敏捷。

腕龙 体长34米

猛犸 体长4米

剑龙 体长4~9米

禽龙
体长5~9米

梁龙 体长25米

苹果皮长52米（1976年美国一
女子削出的连续不断的苹果皮）

40

50

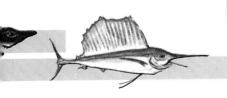

我们只要比较一下动物们的速度，就不难发
现，若想跑得快、游得快，仅凭身强力壮是不
够的，还必须拥有结实匀称的肌肉。

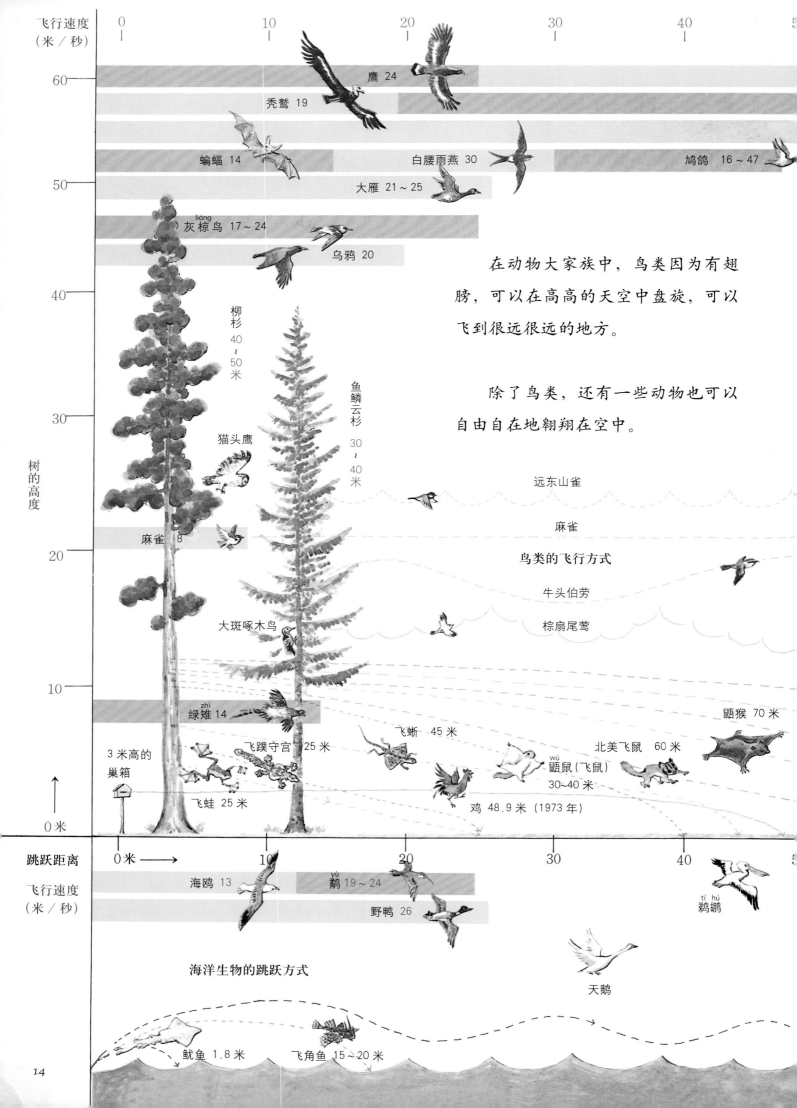

飞行速度
（米／秒）

鹰 24

秃鹫 19

蝙蝠 14　　　　白腰雨燕 30　　　　鸠鸽 16～47

大雁 21～25

灰椋鸟 17～24

乌鸦 20

柳杉 40～50米

鱼鳞云杉 30～40米

猫头鹰

麻雀 8

大斑啄木鸟

绿雉 14

3米高的巢箱

飞蹼守宫 25米

飞蛙 25米

飞蜥 45米

鸡 48.9米（1973年）

鼯鼠（飞鼠）30～40米

北美飞鼠 60米

鼯猴 70米

在动物大家族中，鸟类因为有翅膀，可以在高高的天空中盘旋，可以飞到很远很远的地方。

除了鸟类，还有一些动物也可以自由自在地翱翔在空中。

远东山雀

麻雀

鸟类的飞行方式

牛头伯劳

棕扇尾莺

树的高度

跳跃距离

0米 →

飞行速度
（米／秒）

海鸥 13

鹬 19～24

野鸭 26

鹈鹕

天鹅

海洋生物的跳跃方式

鱿鱼 1.8米　　飞角鱼 15～20米

14

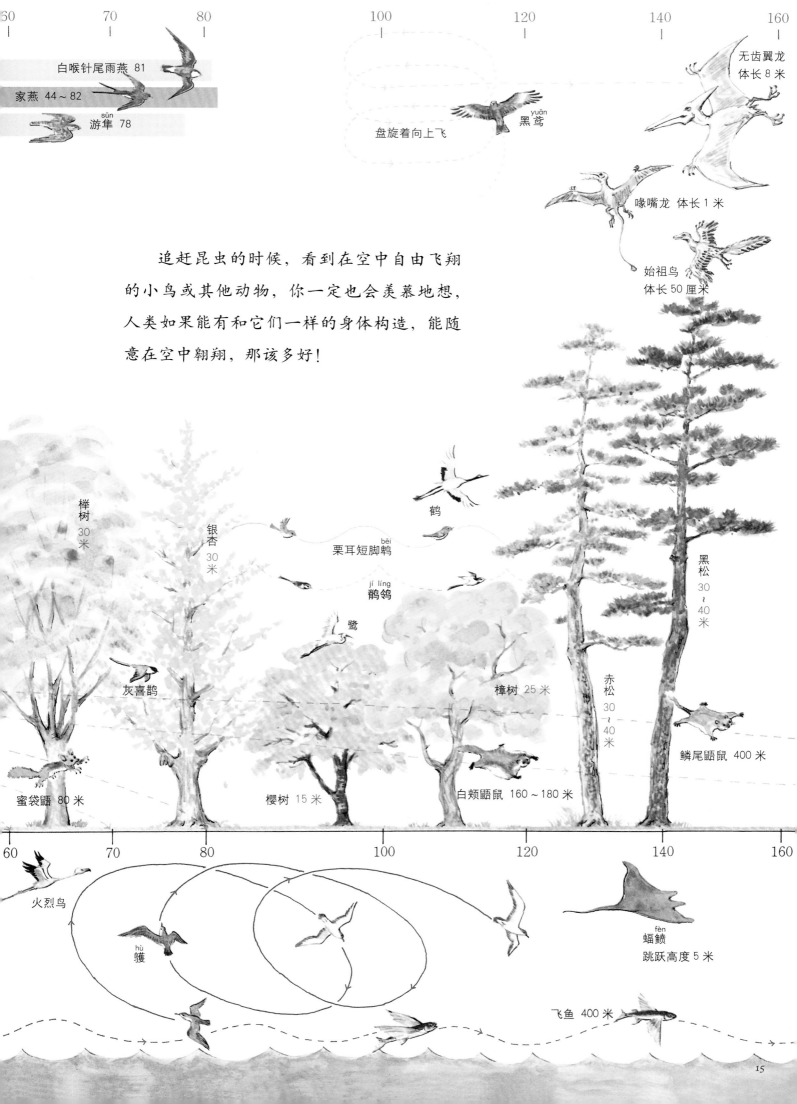

60　70　80　100　120　140　160

白喉针尾雨燕 81

家燕 44~82

游隼 (sǔn) 78

盘旋着向上飞　黑鸢 (yuān)

无齿翼龙
体长 8 米

喙嘴龙 体长 1 米

始祖鸟
体长 50 厘米

追赶昆虫的时候，看到在空中自由飞翔的小鸟或其他动物，你一定也会羡慕地想，人类如果能有和它们一样的身体构造，能随意在空中翱翔，那该多好！

榉树
30
米

银杏
30
米

鹤

栗耳短脚鹎 (bēi)

鹡鸰 (jí líng)

鹭

黑松
30
~
40
米

灰喜鹊

樟树 25 米

赤松
30
~
40
米

鳞尾鼯鼠 400 米

蜜袋鼯 80 米

樱树 15 米

白颊鼯鼠 160~180 米

60　70　80　100　120　140　160

火烈鸟

鹱 (hù)

蝠鲼 (fèn)
跳跃高度 5 米

飞鱼 400 米

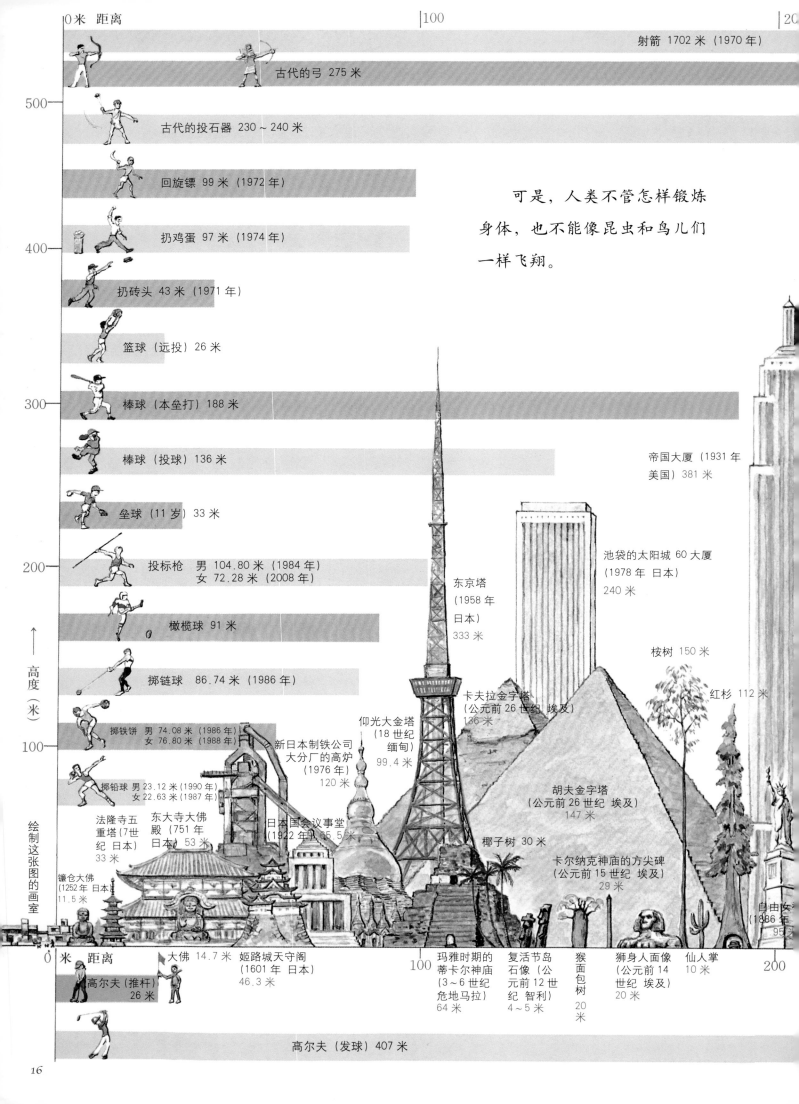

可是，人类不管怎样锻炼
身体，也不能像昆虫和鸟儿们
一样飞翔。

0米 距离 | 100 | 20

射箭 1702 米 (1970 年)

古代的弓 275 米

500

古代的投石器 230 ～ 240 米

回旋镖 99 米 (1972 年)

扔鸡蛋 97 米 (1974 年)

400

扔砖头 43 米 (1971 年)

篮球（远投）26 米

300 棒球（本垒打）188 米

帝国大厦 (1931 年
美国) 381 米

棒球（投球）136 米

垒球（11 岁）33 米

池袋的太阳城 60 大厦
(1978 年 日本)
240 米

200 投标枪 男 104.80 米 (1984 年)
女 72.28 米 (2008 年)

东京塔
(1958 年
日本)
333 米

桉树 150 米

橄榄球 91 米

红杉 112 米

↑

高
度

（
米
）

掷链球 86.74 米 (1986 年)

掷铁饼 男 74.08 米 (1986 年)
女 76.80 米 (1988 年)

100

卡夫拉金字塔
(公元前 26 世纪 埃及)
136 米

新日本制铁公司
大分厂的高炉
(1976 年)
120 米

仰光大金塔
(18 世纪
缅甸)
99.4 米

掷铅球 男 23.12 米 (1990 年)
女 22.63 米 (1987 年)

胡夫金字塔
(公元前 26 世纪 埃及)
147 米

法隆寺五
重塔 (7 世
纪 日本)
33 米

东大寺大佛
殿 (751 年
日本) 53 米

日本国会议事堂
(1922 年 65.5 米)

椰子树 30 米

卡尔纳克神庙的方尖碑
(公元前 15 世纪 埃及)
29 米

绘
制
这
张
图
的
画
室

镰仓大佛
(1252 年 日本)
11.5 米

自由女
(1886 年
95

0 米 距离 | 100 | 200

高尔夫（推杆）
26 米

大佛 14.7 米

姬路城天守阁
(1601 年 日本)
46.3 米

玛雅时期的
蒂卡尔神庙
(3 ～ 6 世纪
危地马拉)
64 米

复活节岛
石像（公
元前 12 世
纪 智利)
4 ～ 5 米

猴面
包树
20
米

狮身人面像
(公元前 14
世纪 埃及)
20 米

仙人掌
10 米

高尔夫（发球）407 米

不过，我们有属于自已的强项，比如，会用手往远处投掷东西，会借助工具把东西往高处抛。

这些都是别的动物做不到的，是我们人类特有的长处。特别是那些手腕强壮有力的人，他们能将球和石头投得更高，抛得更远。

焰火　125～900 米

莫斯科奥斯坦金诺电视塔（1967 年 俄罗斯）537 米

埃菲尔铁塔（1889 年 法国）307 米

科隆大教堂（1248 年～1880 年 德国）157 米

乌尔姆大教堂（1377～1890 年 德国）161 米

圣彼得大教堂（1626 年 梵蒂冈）140 米

奥斯陆维格兰雕塑公园的生命之柱（1933 年 挪威）30 米

大钟（30 年 英国）米

纳尔逊纪念柱（英国）56 米

伦敦塔桥（1894 年 英国）42 米

克里姆林宫的斯巴斯克塔楼（1156 年 俄罗斯）67 米

巴黎圣母院　300（365年～1235年 法国）69 米

凯旋门（1836 年 法国）50 米

比萨斜塔（1173～1350 年 意大利）57 米

罗马斗兽场（公元80 年 意大利）50 米

帕特农神庙（公元前 432 年 希腊）15～17 米

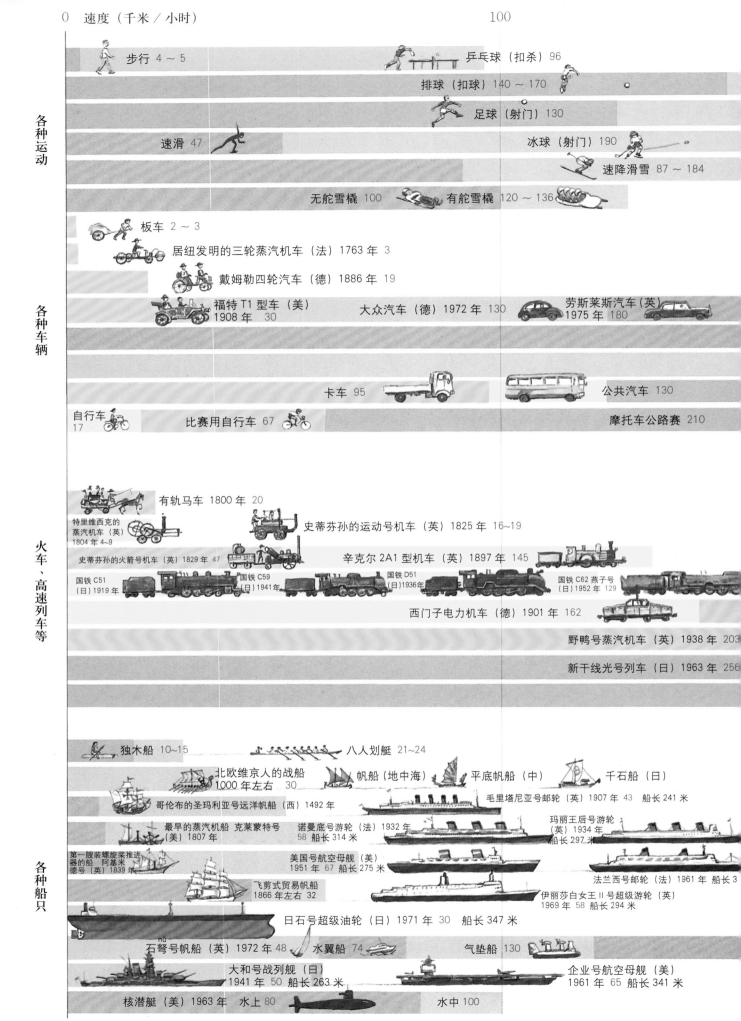

各种运动

步行 4～5
乒乓球（扣杀）96
排球（扣球）140～170
足球（射门）130
速滑 47
冰球（射门）190
速降滑雪 87～184
无舵雪橇 100　有舵雪橇 120～136

各种车辆

板车 2～3
居纽发明的三轮蒸汽机车（法）1763 年 3
戴姆勒四轮汽车（德）1886 年 19
福特 T1 型车（美）1908 年 30
大众汽车（德）1972 年 130
劳斯莱斯汽车（英）1975 年 180
卡车 95
公共汽车 130
自行车 17
比赛用自行车 67
摩托车公路赛 210

火车、高速列车等

有轨马车 1800 年 20
特里维西克的蒸汽机车（英）1804 年 4～9
史蒂芬孙的运动号机车（英）1825 年 16～19
史蒂芬孙的火箭号机车（英）1829 年 47
辛克尔 2A1 型机车（英）1897 年 145
国铁 C51（日）1919 年
国铁 C59（日）1941 年
国铁 D51（日）1936 年
国铁 C62 燕子号（日）1952 年 129
西门子电力机车（德）1901 年 162
野鸭号蒸汽机车（英）1938 年 203
新干线光号列车（日）1963 年 256

各种船只

独木船 10～15
八人划艇 21～24
北欧维京人的战船 1000 年左右 30
帆船（地中海）
平底帆船（中）
千石船（日）
哥伦布的圣玛利亚号远洋帆船（西）1492 年
毛里塔尼亚号邮轮（英）1907 年 43　船长 241 米
最早的蒸汽机船 克莱蒙特号（美）1807 年
诺曼底号游轮（法）1932 年 58　船长 314 米
玛丽王后号游轮（英）1934 年　船长 297 米
第一艘装螺旋桨推进器的船 阿基米德号（英）1839 年
美国号航空母舰（美）1951 年 67　船长 275 米
法兰西号邮轮（法）1961 年　船长 3
飞剪式贸易帆船 1866 年左右 32
伊丽莎白女王 II 号超级游轮（英）1969 年 58　船长 294 米
日石号超级油轮（日）1971 年 30　船长 347 米
石弩号帆船（英）1972 年 48　水翼船 74
气垫船 130
大和号战列舰（日）1941 年 50　船长 263 米
企业号航空母舰（美）1961 年 65　船长 341 米
核潜艇（美）1963 年　水上 80　水中 100

网球（发球）247

高尔夫（开球）273

人类不仅会投东西、抛东西，还会用自己的智慧进行思考，并用双手制造出各种机器，其中就有各种各样的交通工具。它们有的跑得很快，有的游得很快，有的还能飞。

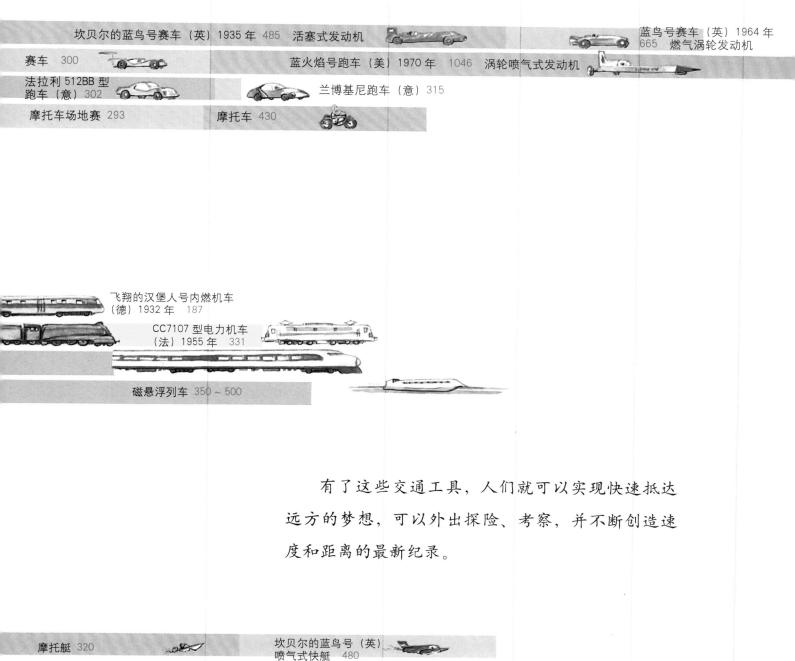

坎贝尔的蓝鸟号赛车（英）1935 年 485　活塞式发动机

蓝鸟号赛车（英）1964 年 665　燃气涡轮发动机

赛车 300

蓝火焰号跑车（美）1970 年 1046　涡轮喷气式发动机

法拉利 512BB 型跑车（意）302

兰博基尼跑车（意）315

摩托车场地赛 293

摩托车 430

飞翔的汉堡人号内燃机车（德）1932 年 187

CC7107 型电力机车（法）1955 年 331

磁悬浮列车 350～500

有了这些交通工具，人们就可以实现快速抵达远方的梦想，可以外出探险、考察，并不断创造速度和距离的最新纪录。

摩托艇 320

坎贝尔的蓝鸟号（英）喷气式快艇 480

美——美国	意——意大利	英——英国	西——西班牙
中——中国	德——德国	日——日本	法——法国

动力滑翔机 270

滑翔机 250

在人类发明的机器当中，飞机是一种非常了不起的交通工具。飞机刚被发明出来，开始在天空中飞的时候，速度很慢，只比人跑步快一点点而已。

早期的飞机是靠发动机带动螺旋桨旋转才能起飞的，随着马力更强大的发动机接二连三地被制造出来，飞机的飞行速度越来越快。

等到飞行速度好不容易接近声音在空气中传播的速度时，令人烦恼的事情也出现了。因为飞机飞得越快，空气受到的挤压就越大，空气阻力便越大。于是，飞机和空气气流之间产生巨大摩擦，使得机身发生剧烈的摇晃，飞机便无法顺利飞行。

这好比有一面看不见的"音墙"挡在那里，让飞机难以穿越。

纽波特翼半式飞机（法）1922 年 341

纽波特·德拉热战斗机（法）1920 年 275

容克斯 F13 单翼客机（德）1919 年 210

福克 Dr.I 战斗机（德）1917 年 185

德·哈维兰 DH4 轰炸机 1916 年 220

莫里斯·法尔芒的飞机（法） 1912 年 1011 千米

德培杜辛单翼机（法）1913 年 204

鸽式单翼机（奥）1912 年 115

纽波特单翼机（法）1911 年 133

布莱里奥 XI 号单翼机（法） 1910 年 107

1909 年 234 千米

亨利·法尔芒的飞机（法）1908 年 87

伏瓦辛兄弟的双翼飞机（法）1907 年 0.8 千米

桑托斯·杜蒙特的 14bis 双翼机 （巴）1906 年 0.2 千米

飞机模型 速度 200

莱特兄弟的飞行器（美）1903 年 48

李林塔尔的滑翔机（德）1891 年

初级滑翔机 飞行高度 10 米 飞行距离 100 米

人力飞机 飞行高度 3 米 飞行距离 100 米

	飞行速度
	飞行速度
	飞行距离

0 飞行速度（千米／小时）　　　　　　　　100　　　　　　　　　　200

格鲁门 F8F "熊猫" 舰载战斗机（美）1969 年 776

中岛四式疾风战斗机（日）1943 年 624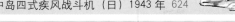

洛克希德 P2V1 "海王星" 巡逻机（美）1946 年 18082 千米

螺旋桨飞机

1942 年 576

波音 B29 超级堡垒轰炸机（美）
1947 年 14250 千米

立川 A26 长距离联络机（日）
1944 年 16485 千米

三菱雷电 21 型战斗机（日）1942 年 587

雅克列夫雅克 9 型战斗机（苏）1942 年 592

格鲁门 F6F3 "地狱猫" 战斗机（美）1942 年 604

共和 P47D "雷电" 战斗机（美）1941 年 690

德·哈维兰蚊式轰炸机（英）1940 年 656

北美 P51D 野马战斗机（美）1940 年 704

贝尔 P39 "空中眼镜蛇" 战斗机（英）1939 年 592

洛克希德 P38 闪电式战斗机（美）1939 年 666

三菱零式舰载战斗机（日）1939 年 565

梅塞施密特 Me209 战斗机（德）1939 年 755

容克斯 JU87 俯冲轰炸机
（德）1938 年 387

中岛一式战斗机（日）1938 年 515

萨沃亚 S82 型飞机（意）
1939 年 12936 千米

航研机（日）
1938 年 11651 千米

波音 314 中国飞剪号客机（美）1938 年 5600 千米

图波列夫 ANT25 飞机（苏）1937 年 10148 千米

超级马林 "喷火" 战斗机（英）1936 年 657

波音 B17 轰炸机（美）1935 年 482　5800 千米

三菱 97 式舰载攻击机
（日）1936 年 480

飓风战斗机（英）1935 年 529

梅塞施密特 Bf109 战斗机
（德）1935 年 685

玻利卡尔波夫 I-16 战斗机
（苏）1933 年 525

马奇 Mc72 竞速水上飞机
（意）1934 年 709

吉比 R1 型竞赛飞机
（美）1932 年 477

超级马林 S6B 竞赛飞机
（英）1931 年 655

克斯 W33 型运输机
）1927 年 4661 千米

林德伯格的圣路易精神号
（美）1927 年 5809 千米

尔纳 V2 型飞机
（法）1924 年 448

蒂斯 CR3 型水上
几（美）1923 年 429

福克 T2 型飞机（美）1923 年 4050 千米

维克斯·维梅双翼机（英）1917 年 3930 千米

于是，能产生更大推动力、带来更快速度的喷气式发动机应运而生，取代了以往的发动机，著名的"喷气式飞机"诞生。"音障"被跨越了。

| 美——美国 | 意——意大利 | 英——英国 | 奥——奥地利 | 苏——苏联 |
| 德——德国 | 日——日本 | 巴——巴西 | 法——法国 | |

音障

* 马赫数指某速度相对于音速的倍数。

贝尔 XV-15 倾转旋翼机（美）1977 年

米高扬米格 23PD "非教徒" 战斗机（苏）1967 年

霍克·西德利垂直起降战斗机（英）1960 年

卡莫夫 KA22 直升机（苏）

瑞安 XV5 垂直起降机（美）

加拿大 CL84 直升机（加）1965 年

德·哈维兰 DHC-6 "双水獭" 飞机（加）1965 年

LTV XC-142A 全动翼飞机（美）1965 年

N500 直升机（法）

霍克·西德利鹞式战斗机（英）1966 年

贝尔 X-22A 变换机（美）

道克 16 变换机

康维尔 XFY-1 垂直起降飞机（美）

日本航研所空中飞行试验机（日）1970 年

VTOL（垂直起降飞机）STOL（短距起降飞机）

狂风战斗机（英·德·意）1974 年 M

格鲁门 F14A "雄猫" 战斗机（美）1970 年

苏霍伊 Su-15 "细嘴瓶" 拦截机（苏）1967 年 M

道格拉斯 DC9 客机（美）1965 年 1920 千米

当飞机能够跨越"音障"，以比声音还快的速度飞行时，新的问题又产生了。

因为在那样的高速飞行中，飞机会与空气剧烈摩擦，产生巨大的热量，由此产生的高温会使机身发生变形、扭曲，飞机也就很难继续飞行。

通用动力 EF111 电子对抗战机（美）1964 年 M

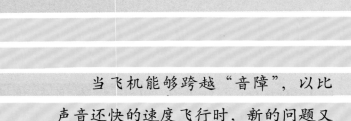

喷气式飞机　火箭飞机

费尔雷 FD2 三角翼战斗机（英）1956 年 1822

米高扬米格 21MF 型战斗机（苏）1955 年 M2.1

北美航空 F100C "超佩刀" 喷气战斗机（美）1955 年 1323

英国飞机公司 F6 "闪电" 式战斗机（英）1954 年 M2

北美航空 YF100A 型飞机（美）1953 年 1215

道格拉斯 D558-2 型火箭飞机（美）1953 年 2135

道格拉斯 F4D-1 型战斗机（美）1953 年 1217

贝尔 X1A 型火箭飞机（美）1953 年 M2

北美航空 F86D "佩刀" 战斗机（美）1952 年 1124

德·哈维兰彗星客机（英）1952 年 2400 千米

贝尔 X1 火箭飞机（美）1947 年 1600

米高扬米格 15 战斗机（苏）1947 年 980

道格拉斯 D558-1 型飞机（美）1947 年 1031

洛克希德 P80 喷气式战斗机（美）1944 年 867　　1947 年 1003

梅塞施密特 Me262 "飞燕" 喷气式战斗机（德）1941 年 870

梅塞施密特 Me163B 火箭战斗机（德）1943 年 965

格罗斯特 G40 喷气式飞机（英）1941 年 749

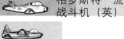
格罗斯特 "流星" 喷气式战斗机（英）1946 年 991

海因克尔 He178 喷气式飞机（德）1939 年 700

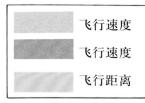
飞行速度
飞行速度
飞行距离

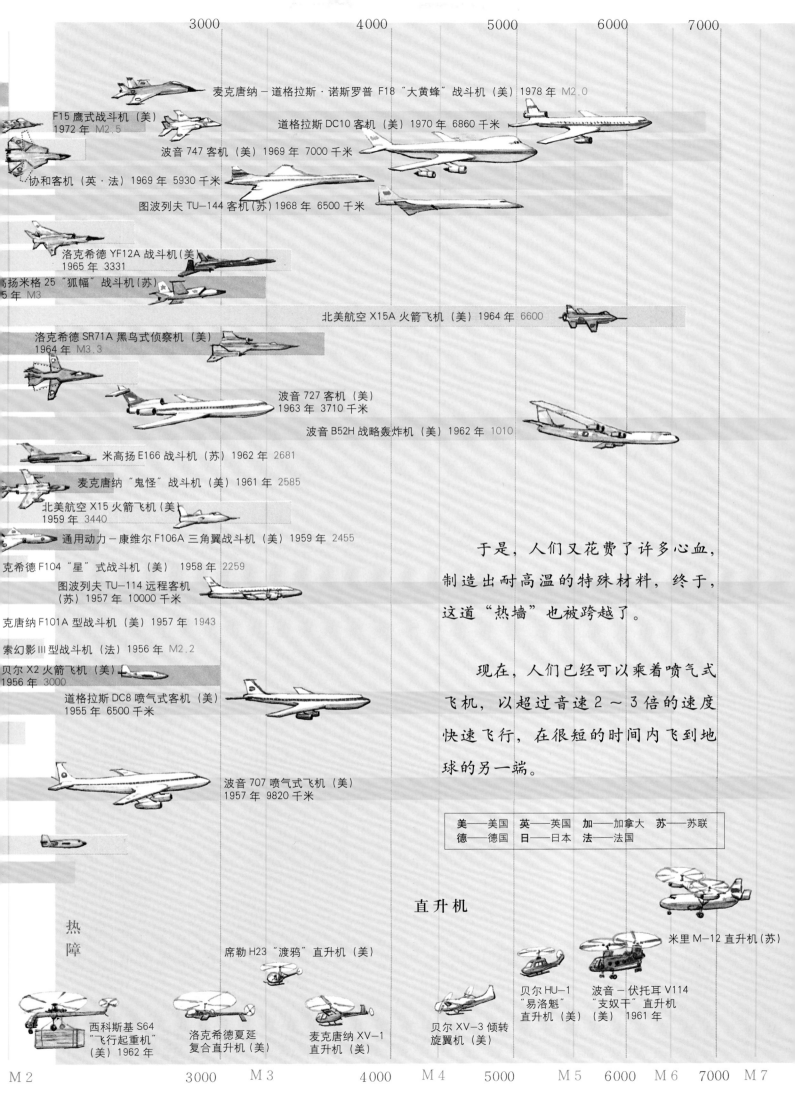

于是，人们又花费了许多心血，制造出耐高温的特殊材料，终于，这道"热墙"也被跨越了。

现在，人们已经可以乘着喷气式飞机，以超过音速2～3倍的速度快速飞行，在很短的时间内飞到地球的另一端。

麦克唐纳－道格拉斯·诺斯罗普 F18 "大黄蜂" 战斗机（美）1978年 M2.0
F15 鹰式战斗机（美）1972年 M2.5
道格拉斯 DC10 客机（美）1970年 6860 千米
波音 747 客机（美）1969年 7000 千米
协和客机（英·法）1969年 5930 千米
图波列夫 TU-144 客机（苏）1968年 6500 千米
洛克希德 YF12A 战斗机（美）1965年 3331
米高扬米格 25 "狐幅" 战斗机（苏）5 年 M3
北美航空 X15A 火箭飞机（美）1964年 6600
洛克希德 SR71A 黑鸟式侦察机（美）1964年 M3.3
波音 727 客机（美）1963年 3710 千米
波音 B52H 战略轰炸机（美）1962年 1010
米高扬 E166 战斗机（苏）1962年 2681
麦克唐纳 "鬼怪" 战斗机（美）1961年 2585
北美航空 X15 火箭飞机（美）1959年 3440
通用动力－康维尔 F106A 三角翼战斗机（美）1959年 2455
克希德 F104 "星" 式战斗机（美）1958年 2259
图波列夫 TU-114 远程客机（苏）1957年 10000 千米
克唐纳 F101A 型战斗机（美）1957年 1943
索幻影III型战斗机（法）1956年 M2.2
贝尔 X2 火箭飞机（美）1956年 3000
道格拉斯 DC8 喷气式客机（美）1955年 6500 千米
波音 707 喷气式飞机（美）1957年 9820 千米

| 美——美国 | 英——英国 | 加——加拿大 | 苏——苏联 |
| 德——德国 | 日——日本 | 法——法国 | |

直升机

米里 M-12 直升机（苏）
席勒 H23 "渡鸦" 直升机（美）
贝尔 HU-1 "易洛魁" 直升机（美）
波音－伏托耳 V114 "支奴干" 直升机（美）1961年
热障
西科斯基 S64 "飞行起重机"（美）1962年
洛克希德夏延复合直升机（美）
麦克唐纳 XV-1 直升机（美）
贝尔 XV-3 倾转旋翼机（美）

M2 3000 M3 4000 M4 5000 M5 6000 M6 7000 M7

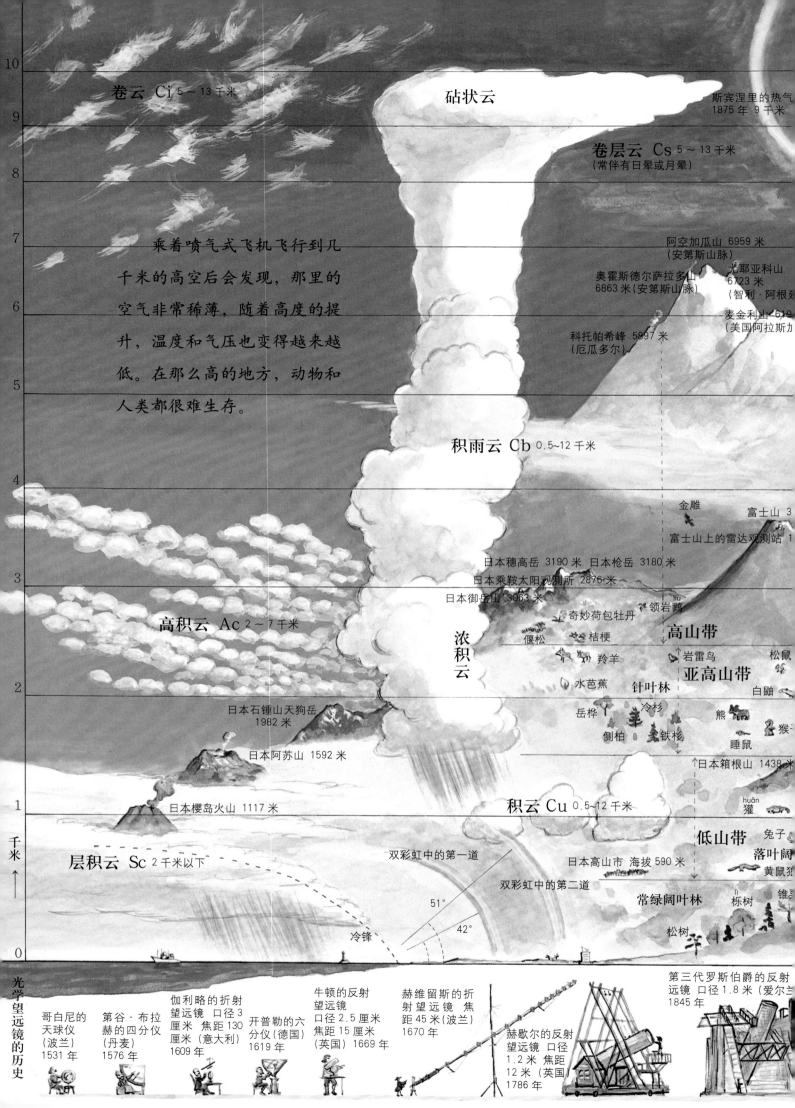

卷云 Ci 5～13 千米

砧状云

斯宾涅里的热气
1875 年 9 千米

卷层云 Cs 5～13 千米
（常伴有日晕或月晕）

乘着喷气式飞机飞行到几
千米的高空后会发现，那里的
空气非常稀薄，随着高度的提
升，温度和气压也变得越来越
低。在那么高的地方，动物和
人类都很难生存。

阿空加瓜山 6959 米
（安第斯山脉）

光耶亚科山
6723 米
（智利·阿根廷

奥霍斯德尔萨拉多山
6863 米（安第斯山脉）

麦金利山 619
（美国阿拉斯加

科托帕希峰 5897 米
（厄瓜多尔）

积雨云 Cb 0.5~12 千米

金雕　富士山 3

富士山上的雷达观测站 1

日本穗高岳 3190 米　日本枪岳 3180 米

日本乘鞍太阳观测所 2876 米

日本御岳山 3063 米

奇妙荷包牡丹

领岩鹨

高积云 Ac 2～7 千米

偃松　桔梗

高山带

浓
积
云

羚羊

岩雷鸟　松鼠

亚高山带

水芭蕉　针叶林

白鼬

日本石锤山天狗岳
1982 米

岳桦　冷杉

熊　猴

侧柏　铁杉

睡鼠

日本阿苏山 1592 米

日本箱根山 1438

积云 Cu 0.5~12 千米

日本樱岛火山 1117 米

huān
獾

低山带

兔子

双彩虹中的第一道

日本高山市 海拔 590 米

落叶阔

黄鼠狼

层积云 Sc 2 千米以下

双彩虹中的第二道

常绿阔叶林

51°

42°

栎树

冷锋

松树

千米
↑

光
学
望
远
镜
的
历
史

哥白尼的
天球仪
（波兰）
1531 年

第谷·布拉
赫的四分仪
（丹麦）
1576 年

伽利略的折射
望远镜　口径 3
厘米　焦距 130
厘米（意大利）
1609 年

开普勒的六
分仪（德国）
1619 年

牛顿的反射
望远镜
口径 2.5 厘米
焦距 15 厘米
（英国）1669 年

赫维留斯的折
射望远镜　焦
距 45 米（波兰）
1670 年

赫歇尔的反射
望远镜　口径
1.2 米　焦距
12 米（英国）
1786 年

第三代罗斯伯爵的反射
远镜　口径 1.8 米（爱尔兰
1845 年

46 度晕

22 度晕

日晕

飞机云（凝结尾）

喷气式飞机 8～10 千米

滑翔机 14 千米

风筝 10.8 千米（美国）1969 年

卷积云 Cc 5～13 千米

−50℃

−43℃

乔戈里峰
（喀喇昆
仑山脉）
8611 米

干城章嘉峰
8603 米

珠穆朗玛峰 8848 米

埃德蒙·希拉里和丹增
诺尔盖登顶（1953 年）

马纳斯鲁峰 8156 米

飞机模型 8.2 千米

−37℃

斯利用无人气
对宇宙射线的
量（奥地利）
13 年 8 千米

盖－吕萨克对空气的
温度与成分，以及地
球磁场的测量（法国）
1804 年 7 千米

涡轮螺旋桨飞机

−30℃

−24℃

乞力马扎罗山（非洲） 5895 米

所以，高山上生活的动
物非常少，很多地方甚至根
本没有动物。因此，如果想
到达那样高的山峰或天空，
就得做好防寒准备，还需要
有防止压力变低的稳压舱以
及充足的氧气，等等。

蜈蚣

黑跳蛛

查卡塔雅宇宙射线
观测站 5200 米
（玻利维亚）

勃朗峰 4810 米

马特洪峰 4478 米

−17℃

牦牛

螺旋桨飞机 5 千米以下

少女峰 4158 米

艾格峰 3974 米

兴登堡号飞艇（德国）1936 年

齐柏林伯爵号飞艇（德国）1928 年

布罗肯幻象
（佛光）

−11℃

富士山顶的荚状云

拉巴斯（玻利维亚）3.7 千米

拉萨（中国） 3.6 千米

齐柏林 I 号飞艇（德国）1900 年

−4℃

奥林匹斯山（希腊）2.9 千米

杰弗里斯对温度、气压和湿度的观测（美国）1785 年

波哥大（哥伦比
亚）2.6 千米

路纳德的飞艇（法国）1884 年

日本大雪山旭岳峰 2290 米

墨西哥城（墨西哥）2.2 千米

高层云 As 2～7 千米

日本鸟海山 2237 米

基特峰国家天文台
（美国）1963 年 2 千米

苏俄特殊物理天文台（苏联）1977 年 2 千米

2℃

日本岩手山 2041 米

帕洛马山天文台（美国）1948 年 1.9 千米

狐狸

孟格菲兄弟的热气球（法国）
1783 年 1.8 千米

鹿

白桦

吉法尔的飞艇（法国）1852 年

9℃

蒙古栎

山毛榉

层云 St 2 千米以下

威尔逊用来测定温度的风筝
（英国）1749 年 900 米

雨云 Ns 2～7 千米

栗树

查理和罗贝尔的氢气球
（法国）1783 年 0.8 千米

暖锋

麻栎

梅森的飞艇（英国） 1843 年

富兰克林的风筝（美国）1752 年

气温 15℃

天文台 91
折射望远镜
国）1888 年

叶凯士天文台
102 厘米折射
望远镜（美国）
1897 年

国家天文台
（三鹰园区）
65 厘米折射
望远镜 1930 年
（日本）

帕洛马山海耳天文台
508 厘米反射望远镜
（美国）1948 年

国家天文台冈
山天体物理观
测站 188 厘米
反射望远镜
（日本）1960 年

卡尔·史瓦西天文
台 137 厘米施密
特摄星仪（德国）
1960 年

长野木曾观测所
105 厘米施密特
摄星仪（日本）
1974 年

苏俄特殊物
理天文台 600
厘米反射望
远镜（苏联）
1976 年

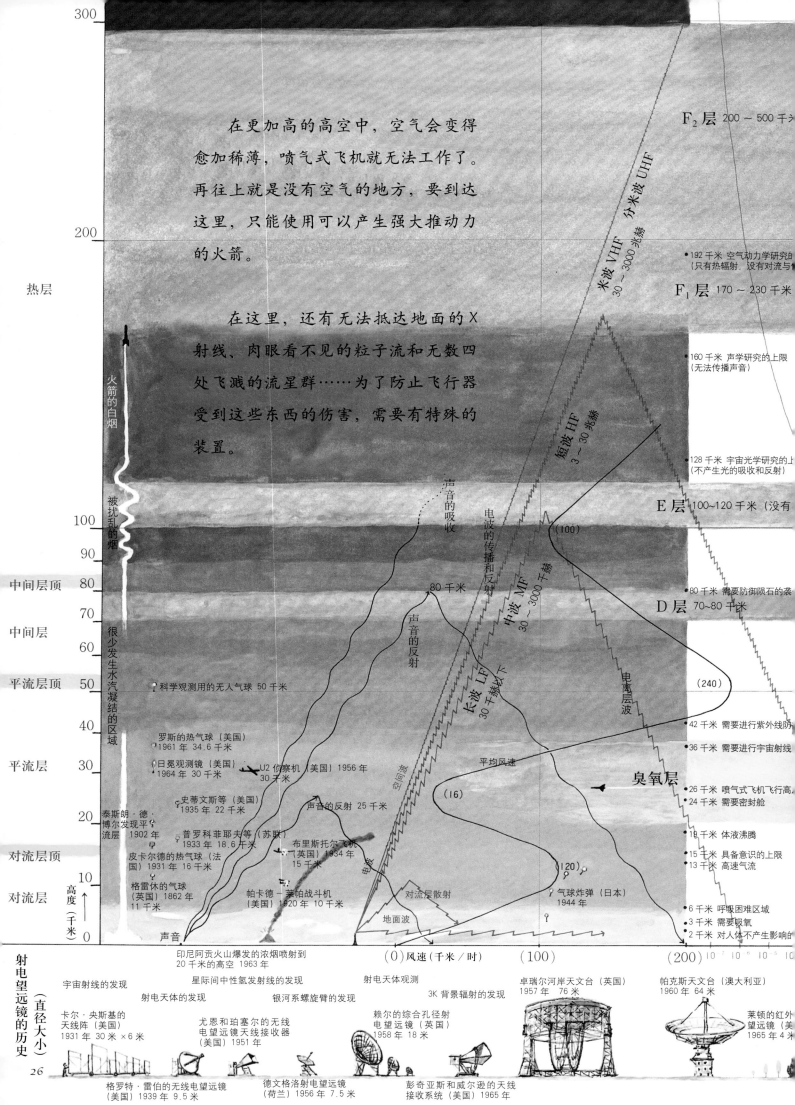

300

在更加高的高空中，空气会变得
愈加稀薄，喷气式飞机就无法工作了。
再往上就是没有空气的地方，要到达
这里，只能使用可以产生强大推动力
的火箭。

在这里，还有无法抵达地面的 X
射线、肉眼看不见的粒子流和无数四
处飞溅的流星群……为了防止飞行器
受到这些东西的伤害，需要有特殊的
装置。

200

热层

火箭的白烟

被扰乱的烟

100

90

中间层顶 80

中间层 70

60

平流层顶 50

40

平流层 30

对流层顶

20

泰斯朗·德·
博尔发现平
流层 1902 年

很少发生水汽凝结的区域

●科学观测用的无人气球 50 千米

罗斯的热气球（美国）
1961 年 34.6 千米

●日冕观测镜（美国）
1964 年 30 千米

●史蒂文斯等（美国）
1935 年 22 千米

●普罗科菲耶夫等（苏联）
1933 年 18.6 千米

皮卡尔德的热气球（法
国）1931 年 16 千米

U2 侦察机（美国）1956 年
30 千米

声音的反射 25 千米

布里斯托尔飞机
（英国）1934 年
15 千米

10

格雷休的气球
（英国）1862 年
11 千米

帕卡德－莱帕战斗机
（美国）1920 年 10 千米

高度
（千米）

0

声音

F₂ 层 200～500 千米

米波 VHF 分米波 UHF
30～3000 兆赫

●192 千米 空气动力学研究
（只有热辐射，没有对流与…

F₁ 层 170～230 千米

短波 HF
3～30 兆赫

●160 千米 声学研究的上限
（无法传播声音）

●128 千米 宇宙光学研究的上…
（不产生生光的吸收和反射）

E 层 100～120 千米（没有…

声音的吸收

电波的传播和反射

（100）

声音的反射

80 千米

中波 MF
30～3000 千赫

声音的反射

●80 千米 需要防御陨石的袭…

D 层 70～80 千米

●42 千米 需要进行紫外线防…

长波 LF
30 千赫以下

（240）

电离层波

平均风速

臭氧层

空间波

（16）

（120）

电波

对流层散射

地面波

气球炸弹（日本）
1944 年

●36 千米 需要进行宇宙射线…

●26 千米 喷气式飞机飞行高…

●24 千米 需要密封舱

●19 千米 体液沸腾

●15 千米 具备意识的上限

●13 千米 高速气流

●6 千米 呼吸困难区域

●3 千米 需要吸氧

●2 千米 对人体不产生影响…

印尼阿贡火山爆发的浓烟喷射到
20 千米的高空 1963 年

（0）风速（千米／时）（100）（200）

26

宇宙射线的发现

星际间中性氢发射线的发现

射电天体的发现

射电天体观测

银河系螺旋臂的发现

3K 背景辐射的发现

卓瑞尔河岸天文台（英国）
1957 年 76 米

帕克斯天文台（澳大利亚）
1960 年 64 米

卡尔·央斯基的
天线阵（美国）
1931 年 30 米 ×6 米

尤恩和珀塞尔的无线
电望远镜天线接收器
（美国）1951 年

赖尔的综合孔径射
电望远镜（英国）
1958 年 18 米

莱顿的红外
望远镜…
1965 年 4 米

格罗特·雷伯的无线电望远镜
（美国）1939 年 9.5 米

德文格洛射电望远镜
（荷兰）1956 年 7.5 米

彭奇亚斯和威尔逊的天线
接收系统（美国）1965 年

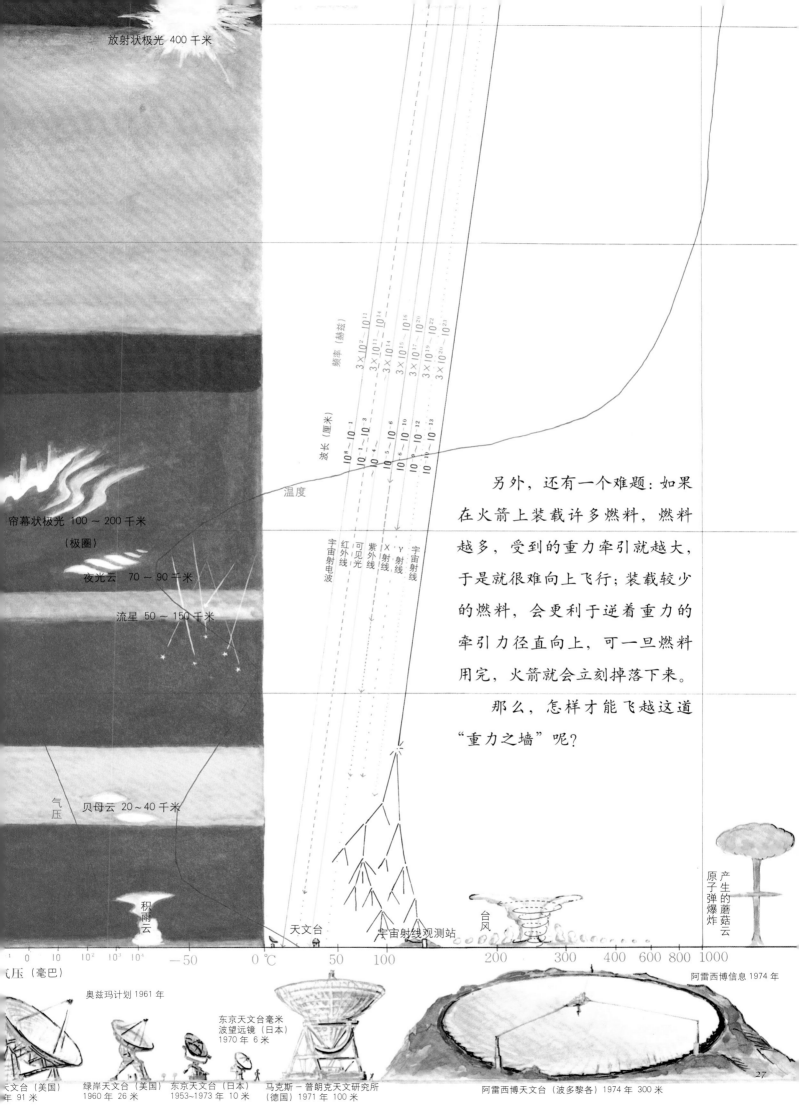

放射状极光 400 千米

帘幕状极光 100 ～ 200 千米

（极圈）

夜光云 70 ～ 90 千米

流星 50 ～ 150 千米

贝母云 20～40 千米

气压

积雨云

频率（赫兹）

3×10^2 10^{11} 10^{14}
3×10^{11} 10^{14} 10^{16}
3×10^{14} 10^{15} 10^{20}
3×10^{15} 10^{17} 10^{22}
3×10^{17} 10^{19} 10^{23}
3×10^{19} 10^{20}
3×10^{20}

波长（厘米）

10^8 10^{-1} 10^{-3}
10^{-4} 10^{-6}
10^{-5} 10^{-10}
10^{-9} 10^{-12} 10^{-13}
10^{-10}

温度

宇宙射电波
红外线
可见光
紫外线
X 射线
γ 射线
宇宙射线

另外，还有一个难题：如果在火箭上装载许多燃料，燃料越多，受到的重力牵引就越大，于是就很难向上飞行；装载较少的燃料，会更利于逆着重力的牵引力径直向上，可一旦燃料用完，火箭就会立刻掉落下来。

那么，怎样才能飞越这道"重力之墙"呢？

产生的蘑菇云 原子弹爆炸

天文台

宇宙射线观测站

台风

10^{-1} 1 10 10^2 10^3 10^4 　　−50　　　0 °C　　50　100　　200　300　400　600　800　1000

气压（毫巴）

奥兹玛计划 1961 年

东京天文台毫米
波望远镜（日本）
1970 年 6 米

阿雷西博信息 1974 年

天文台（美国）
91 米

绿岸天文台（美国）
1960 年 26 米

东京天文台（日本）
1953~1973 年 10 米

马克斯－普朗克天文研究所
（德国）1971 年 100 米

阿雷西博天文台（波多黎各）1974 年 300 米

27

如何能让这装载着燃料和科学设备的沉重装置越过"重力之墙"，飞往更高的地方呢？

还记得前面几页中"投球"的画面吗？想象一下，如果我们站在基本上没有空气的高处，把球径直往前抛出去，被用力抛出去的球，由于受到地球重力的牵引，最终会落回到地面上。

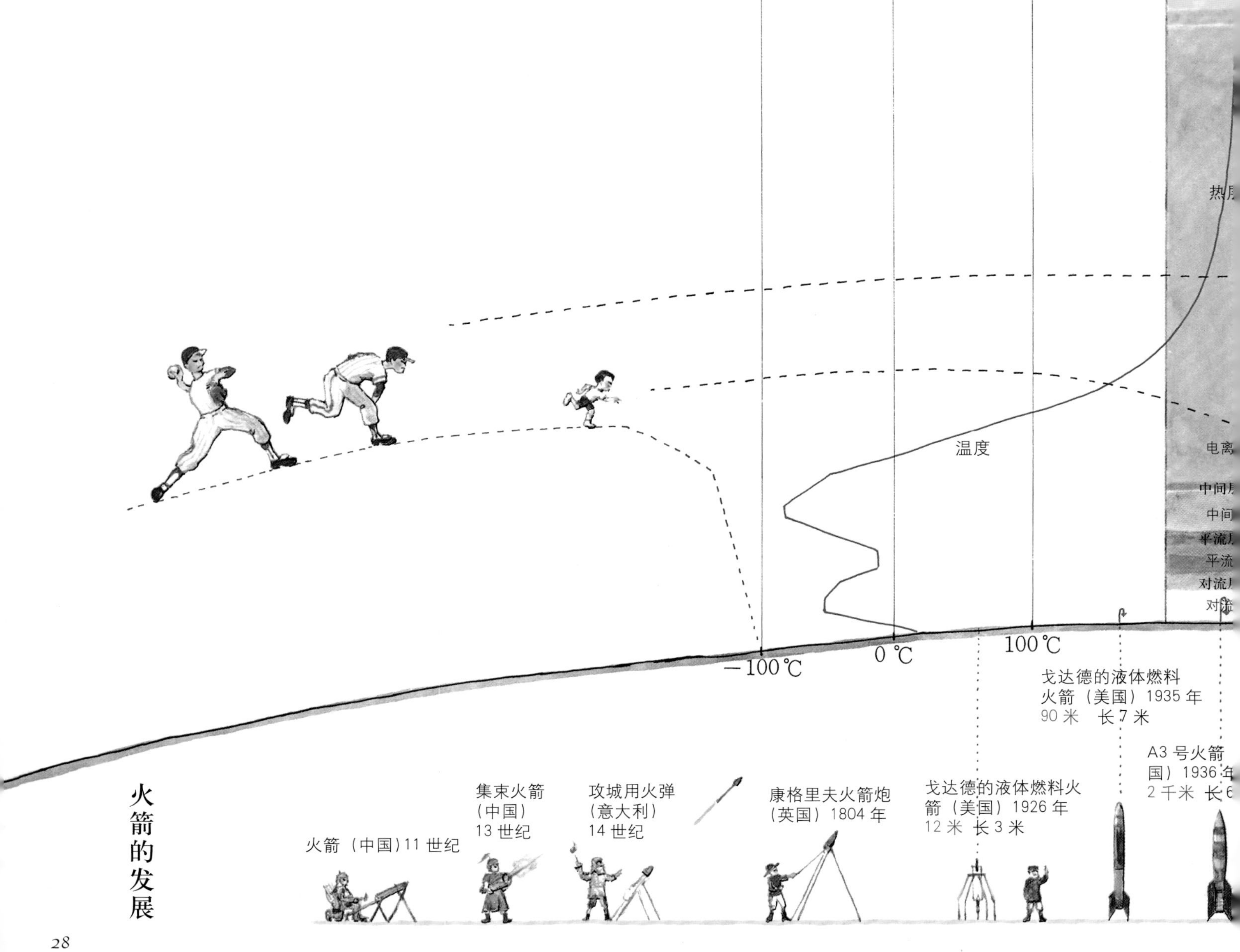

散逸层

临界高度

热层

温度

电离层

中间层
中间
平流层
平流
对流层
对流

−100℃　　0℃　　100℃

戈达德的液体燃料
火箭（美国）1935 年
90 米　长 7 米

A3 号火箭
国）1936 年
2 千米　长 6

火箭的发展

火箭（中国）11 世纪

集束火箭
（中国）
13 世纪

攻城用火弹
（意大利）
14 世纪

康格里夫火箭炮
（英国）1804 年

戈达德的液体燃料火
箭（美国）1926 年
12 米　长 3 米

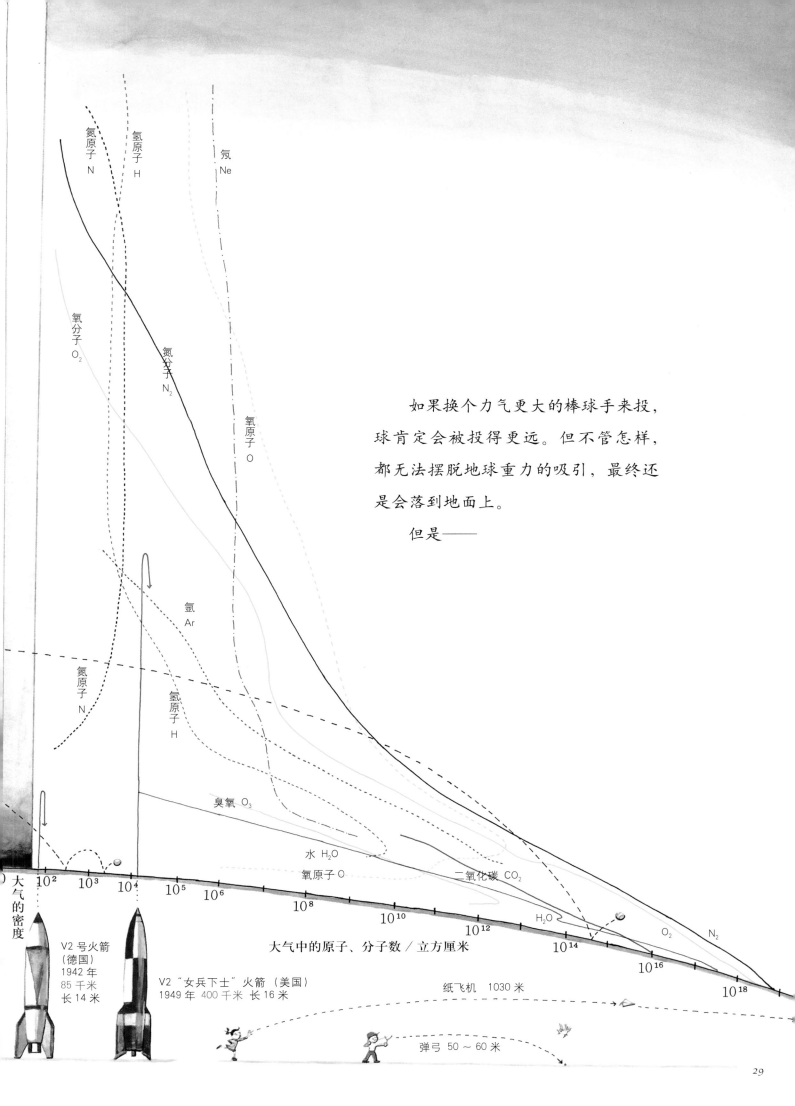

氮原子
N

氢原子
H

氖
Ne

氧分子
O₂

氮分子
N₂

氧原子 O

如果换个力气更大的棒球手来投，球肯定会被投得更远。但不管怎样，都无法摆脱地球重力的吸引，最终还是会落到地面上。

但是——

氩
Ar

氮原子
N

氢原子
H

臭氧 O₃

水 H₂O

氧原子 O

二氧化碳 CO_2

大气的密度

10^2 10^3 10^4 10^5 10^6 10^8 10^{10} 10^{12} 10^{14} 10^{16} 10^{18}

H_2O

O_2

N_2

大气中的原子、分子数／立方厘米

V2 号火箭
（德国）
1942 年
85 千米
长 14 米

V2 "女兵下士" 火箭（美国）
1949 年 400 千米 长 16 米

纸飞机 1030 米

弹弓 50～60 米

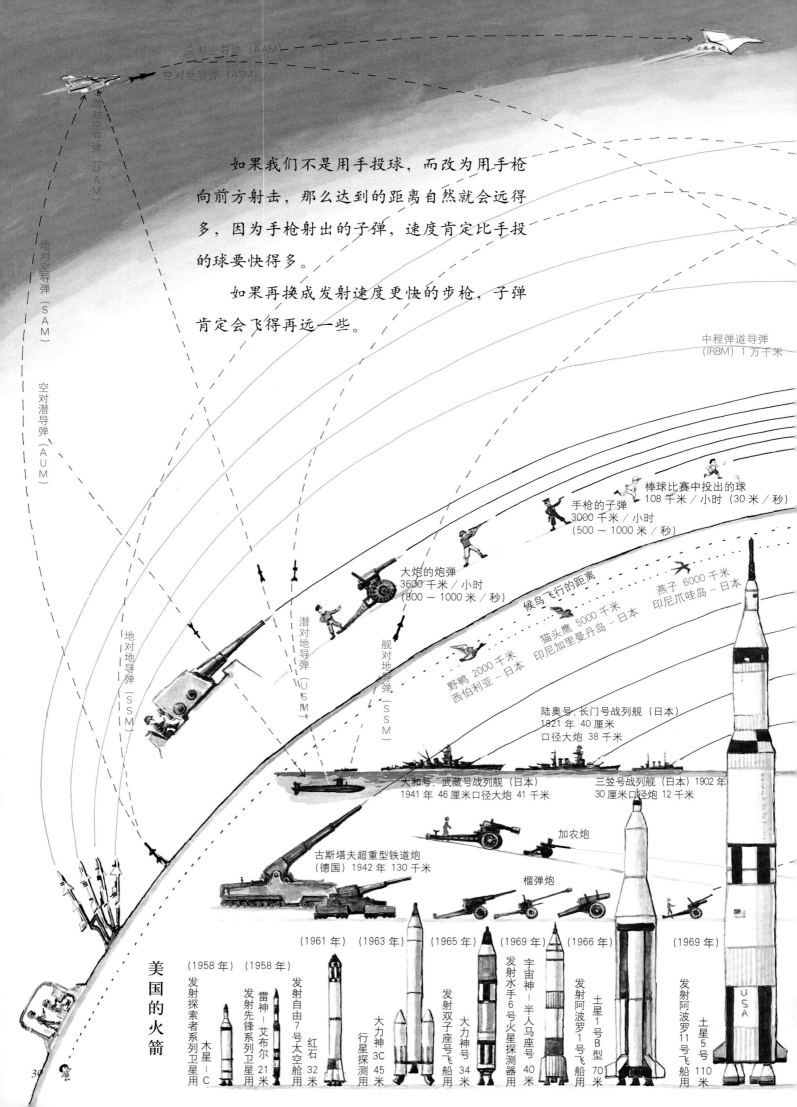

空对空导弹（AAM）

空对地导弹（ASM）

潜对空导弹（UAM）

地对空导弹（SAM）

空对潜导弹（AUM）

　　如果我们不是用手投球，而改为用手枪
向前方射击，那么达到的距离自然就会远得
多，因为手枪射出的子弹，速度肯定比手投
的球要快得多。

　　如果再换成发射速度更快的步枪，子弹
肯定会飞得再远一些。

中程弹道导弹
（IRBM）1万千米

棒球比赛中投出的球
108 千米／小时（30 米／秒）

手枪的子弹
3000 千米／小时
（500～1000 米／秒）

大炮的炮弹
3600 千米／小时
（800～1000 米／秒）

候鸟飞行的距离

燕子 6000 千米
印尼爪哇岛－日本

猫头鹰 5000 千米
印尼加里曼丹岛－日本

野鸭 2000 千米
西伯利亚－日本

地对地导弹（SSM）

潜对地导弹（USM）

舰对地导弹（SSM）

陆奥号、长门号战列舰（日本）
1921 年 40 厘米
口径大炮 38 千米

大和号、武藏号战列舰（日本）
1941 年 46 厘米口径大炮 41 千米

三笠号战列舰（日本）1902 年
30 厘米口径炮 12 千米

加农炮

古斯塔夫超重型铁道炮
（德国）1942 年 130 千米

榴弹炮

美国的火箭

（1958 年）发射探索者系列卫星用
木星－C

（1958 年）发射先锋系列卫星用
雷神－艾布尔 21 米

（1961 年）发射自由 7 号太空舱用
红石 32 米

（1963 年）行星探测用
大力神 3C 45 米

（1965 年）发射双子座号飞船用
大力神号 34 米

（1969 年）发射水手 6 号火星探测器用
宇宙神－半人马座号 40 米

（1966 年）发射阿波罗 1 号飞船用
土星 1 号 B 型 70 米

（1969 年）发射阿波罗 11 号飞船用
土星 5 号 110 米

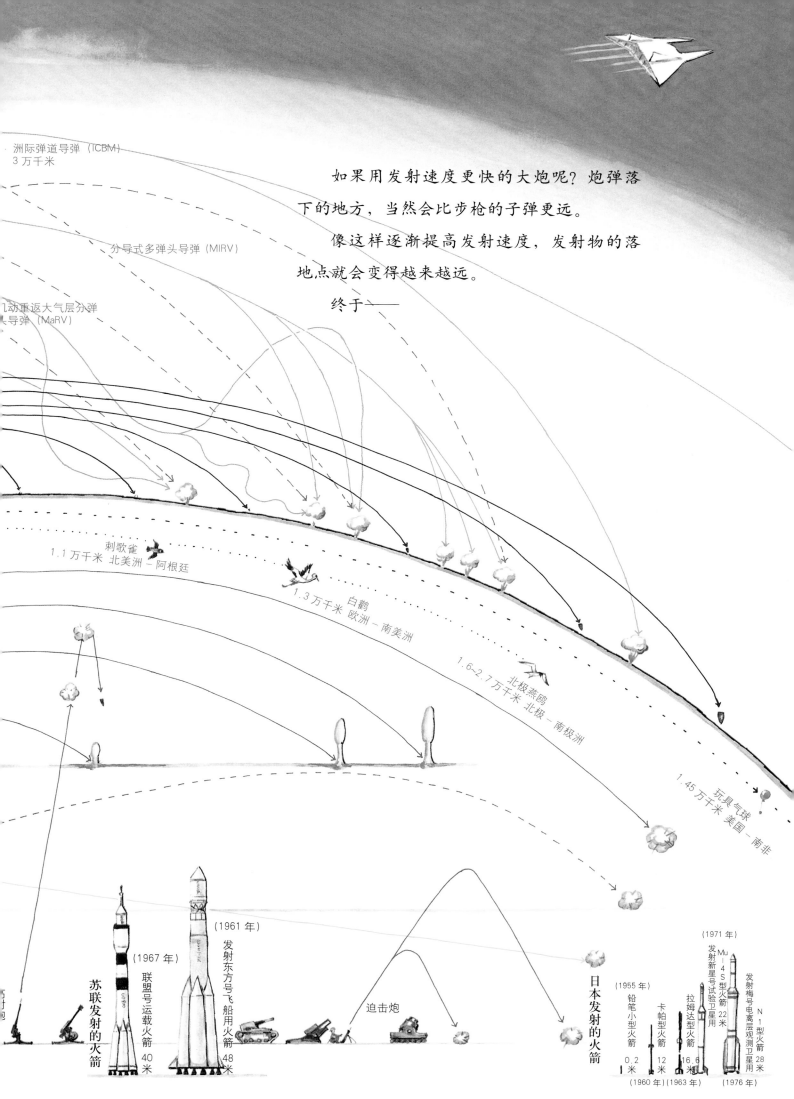

洲际弹道导弹（ICBM）
3 万千米

分导式多弹头导弹（MIRV）

几动重返大气层分弹
具导弹（MaRV）

如果用发射速度更快的大炮呢？炮弹落下的地方，当然会比步枪的子弹更远。

像这样逐渐提高发射速度，发射物的落地点就会变得越来越远。

终于——

刺歌雀
1.1 万千米 北美洲 – 阿根廷

白鹳
1.3 万千米 欧洲 – 南美洲

1.6~2.7 万千米 北极 – 南极洲
北极燕鸥

玩具气球
1.45 万千米 美国 – 南非

（1961 年）
发射东方号飞船用火箭

（1967 年）
联盟号运载火箭

苏联发射的火箭

40 米

48 米

迫击炮

日本发射的火箭

（1971 年）
Mu–4 S 型火箭 22 米
发射新星号试验卫星用

（1955 年）
铅笔小型火箭

卡帕型火箭

拉姆达型火箭 16.6 米

N 1 型火箭 28 米
发射梅号电离层观测卫星用

0.2 米 12 米

（1960 年）（1963 年）（1976 年）

回收宇宙飞船用的滑翔机
（美国）1964 年

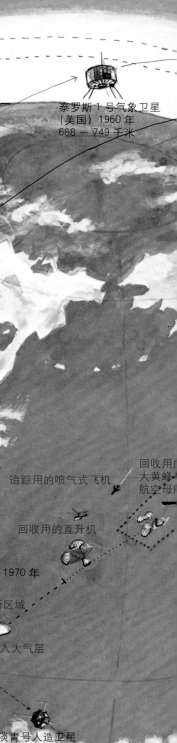

泰罗斯 1 号气象卫星
（美国）1960 年
688 ～ 749 千米

艾萨号气象卫星
（美国）1966 年
697 ～ 833 千米

拜科努尔发射基地
（苏联）

斯普特尼克 2 号
（苏联）1957 年
300 ～ 700 千米
搭载了一只名为莱卡的狗

内之浦火箭发射中心（日本）
种子岛宇宙中心

追踪用的喷气式飞机

回收用的
大黄蜂号
航空母舰

回收用的直升机

诺阿气象卫星（美国）1970 年

通信中断区域

业余无线电收发通信卫星
奥斯卡 5 号（澳大利亚）
1978 年 882 ～ 929 千米

斯普特尼克 1 号
全球第一颗人造卫星
（苏联）1957 年
高度 227 ～ 947 千米

进入大气层

阿
波
罗
11
号
飞
船
着
陆
过
程

淡青号人造卫星
（日本）1971 年

子午仪 1 号导航卫星
（美国）1960 年

大隅号人造卫星
（日本）1970 年

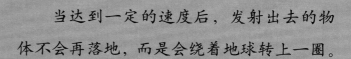

雨云号气象卫星
（美国）1964 年
421 ～ 925 千米

当达到一定的速度后，发射出去的物体不会再落地，而是会绕着地球转上一圈。

实际上，在没有空气和微粒尘埃阻碍的太空中，发射物转上一圈后，飞行速度不会改变，于是便绕着地球一圈圈永不停止地旋转下去。

水星—友谊 7 号飞船
绕地球 3 周（美国）
1962 年

肯尼迪航天中心（美国）

这时，地球引力和物体飞行需要的向心力正好持平，所以即使没有燃料和喷气式发动机，发射物也不会落到地上，而是会围绕地球永久地飞下去。能以这样的速度被发射的物体，便是人造卫星。

为了使携带人造卫星的火箭能产生如此快的速度，让它不至于落到地面上，科学工作者们付出了呕心沥血的努力。

冰域
夷群岛

探索者 1 号人造卫星
（美国）1958 年
339 ～ 1507 千米

先锋 1 号人造卫星
（美国）1958 年

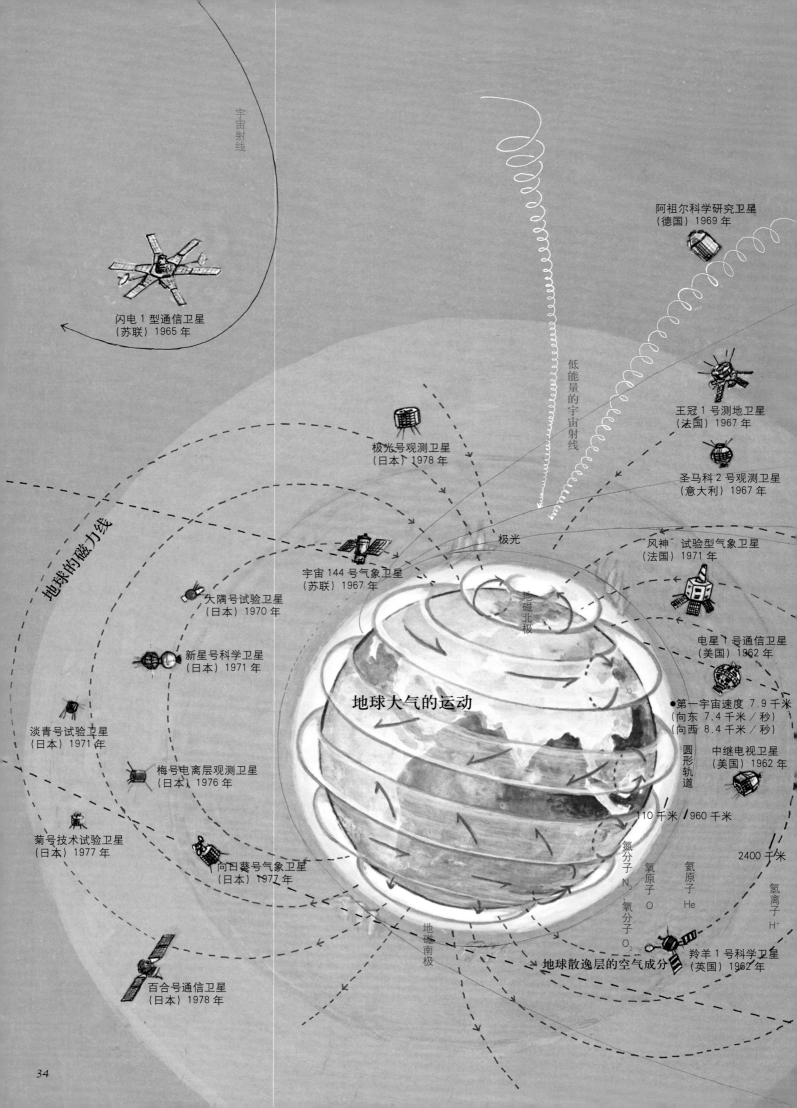

宇宙射线

阿祖尔科学研究卫星
（德国）1969 年

闪电 1 型通信卫星
（苏联）1965 年

极光号观测卫星
（日本）1978 年

王冠 1 号测地卫星
（法国）1967 年

低能量的宇宙射线

圣马科 2 号观测卫星
（意大利）1967 年

极光

地球的磁力线

"风神"试验型气象卫星
（法国）1971 年

宇宙 144 号气象卫星
（苏联）1967 年

地磁北极

大隅号试验卫星
（日本）1970 年

新星号科学卫星
（日本）1971 年

电星 1 号通信卫星
（美国）1962 年

淡青号试验卫星
（日本）1971 年

地球大气的运动

●第一宇宙速度 7.9 千米
（向东 7.4 千米／秒）
（向西 8.4 千米／秒）

圆形轨道

梅号电离层观测卫星
（日本）1976 年

中继电视卫星
（美国）1962 年

110 千米　960 千米

菊号技术试验卫星
（日本）1977 年

2400 千米

氮分子 N_2、氧分子 O_2

氧原子 O

氦原子 He

氢离子 H^+

向日葵号气象卫星
（日本）1977 年

地磁南极

地球散逸层的空气成分

羚羊 1 号科学卫星
（英国）1962 年

百合号通信卫星
（日本）1978 年

● 第四宇宙速度　约 420 千米／秒
（脱离银河系）

那么，如果人造卫星的速度再快一些，会出现什么情况呢？这样的话，人造卫星的运行轨道就不再是圆的，它会以细长的椭圆形轨道，绕着地球旋转。

如果速度再增大一些，人造卫星就会脱离地球引力的范围，离开地球，成为"人造天体"，向更远的太空飞去。

● 第三宇宙速度　42 千米／秒
（脱离太阳系）

由此可见，不管多重的东西，即便不是径直朝上抛出，而是以极快的速度向前方抛出，只要速度够快，到达多高、多远的地方都是有可能的。

● 第二宇宙速度　11.2 千米／秒
（脱离地球引力）

椭圆形轨道　7.9～11.1 千米／秒

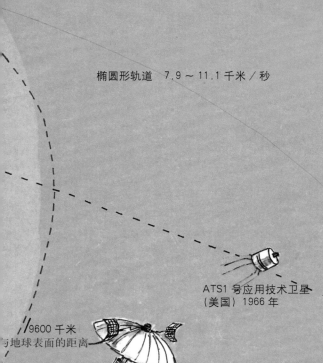

ATS1 号应用技术卫星
（美国）1966 年

9600 千米
与地球表面的距离

行星间的气体

ATS6 号应用技术卫星
（美国）1974 年

交响乐 2 号通信卫星
（德国）1975 年

CTS 通信卫星
（加拿大）1977 年

科姆 2 号地球同步卫星
国 1963 年

国际通信卫星组织 4 号
通信卫星（美国）1971 年

SAS 小型天文观测卫星
（美国）1975 年

OAO2 号天体观测卫
（美国）1968 年

科学家们通过发射出的各类卫星观测得知，在地球周围没有空气的浩瀚太空里，有着以惊人速度四处飞溅的高能带电粒子，这些粒子聚集在一起，便形成了地球辐射带。

研究还发现，太阳除了发出光和热之外，也在持续发出电子云和电子流，使地球磁场发生扭曲。

另外，经射电望远镜和卫星观测发现，从遥远的宇宙里，也有微弱的电波和X射线传来。

极尖区

地球磁力线

极光降落

辐射带

索拉德号太阳辐射
监测卫星（美国）
1976 年

辐射带
（范艾伦带）

地球

5

10

电子 1 号卫星（苏联）
1964 年 调查放射线

15

等离子体片

探索者 18 号 IMP 卫星（美国）
1962 年 地球磁场监测

36

太阳风

（大部分是带电粒子流）
500～1000 千米／秒

20

15

10

OSO7 号太阳观测卫星
（美国）1971 年

离地球表面的距离
（万千米）

带电粒子的运动

弓形激波

先驱者 5 号空间探测器
测量宇宙空间内的磁场
分布情况
（美国）1960 年

OGO 地球物理观测卫星
（美国）1964 年

乌呼鲁 X 射线探测卫星
（美国）1970 年

在地球周围，光、电波，还有各种肉眼看不到的电磁波、光子流等蜂拥而至，形成旋涡，在宇宙中飘来撞去。

这些电磁波和放射线到底来自宇宙的什么地方？是如何产生的？又是怎样传送过来的呢？

让我们带着这些问号登上宇宙飞船，到宇宙里去弄个清楚吧！
好，出发！

我们的宇宙飞船已经到了离地球几十万千米远的地方。到了这里，"高"和"远"在实质上含义相同。

从宇宙飞船的窗口，能很清楚地看见月球。月球离地球最近，是一个既没有水也没有空气的天体。

月亮自己不会发光发热，但是，它可以一边绕着地球旋转一边反射太阳光。在地球上看月亮，有时是新月，有时是满月。月球绕着地球转的原理与人造卫星是一样的。

预报 5 号调查卫星（苏联）
1976 年 20 万千米

探测器 6 号（苏联）
1968 年 绕月后返回地球

（极地轨道）

地球同步通信卫星
3.6 万千米

（赤道轨道）
地球

维拉 7 号核爆炸探测卫星
（美国）1967 年 11 万千米

天空实验室 1 号空间站（美国）
1973 年 首批航天员
在站内工作 28 天

载
人
飞
船
的
历
史

东方 1 号（苏联）
1961 年 第一位宇
航员加加林进入太空

联盟 1 号飞船（苏联）
1967 年 科马洛夫在
航天事故中死亡

双子座 4 号（美国）1965 年
爱德华·怀特出舱活动

礼炮 1 号空间站与联盟 11 号飞船
对接（苏联）1971 年 24 天后
联盟 11 号返回
时发生事故，
3 名航天员死亡

水星－自由 7 号（美国）
1961 年 谢泼德进行亚
轨道飞行

东方 6 号（苏联）
1963 年 第一位女宇
航员捷列什科娃进入
太空

38

友谊 7 号（美国）
1962 年 格伦绕地
球 3 圈

上升 2 号（苏联）
1965 年 列昂诺夫首
次在太空中出舱活动

阿金纳目标飞行器与双子座 8 号
飞船对接（美国）1966 年

联盟 4 号、联盟 5 号飞船
对接（苏联）1969 年

阿波罗号、联盟号飞船对接
（美国，苏联）1975 年

月球比地球小，比地球轻。那里的重力只有地
球上的1/6，所以如果我们站在月球表面，可以很
轻松地跳得很高，投掷东西也毫不费力！

月球 3 号（苏联）1959 年
首次拍摄月球背面的照片

月球的轨道

"月球轨道器"
探测器（美国）
1966 年 绕月
卫星

月球

月球 10 号（苏联）
1966 年 第一个
环绕月球的飞行器

徘徊者 7 号（美国）1964 年
第一次将月球表面的近距离
照片传输回地球

月球 1 号（苏联）
1959 年 第一颗人
造行星

38 万千米

阿波罗 11 号（美国）1969 年
人类第一次登上月球

月球 16 号（苏联）
1970 年 利用无人机在
月球上采集标本并带回

月球 9 号（苏联）
1966 年 首次在月球
上软着陆并拍摄照片

月球 17 号
（苏联）1970 年
将月球车送上
月球表面

勘测者 5 号（美国）
1967 年 软着陆后传
回月球影像资料

北

北

伽莫夫
山本
赫·乔·威尔斯
爱迪生
伯克霍夫
莫斯科海
弗莱明
长冈
朗道
洛伦兹
赫歇尔
柏拉图
冷海
亚里士多德
阿特拉斯
高斯
赫兹
祖冲之
罗巴切夫斯基
平山
门捷列夫
畑中
马赫
雨海
月球 17 号
阿基米德
月球 21 号
伯努利
齐奥尔科夫斯基
加加林
伊卡洛斯
风暴海
欧拉
阿波罗 15 号
月球 2 号
阿波罗 17 号
月球 15 号
费米
焦耳
伽罗瓦
诺贝尔
月球 13 号
哥白尼
澄海
危海
月球 24 号
居里
凡尔纳
科赫
瓦斯科·达·伽马
开普勒
汽海
爱因斯坦
木村
智海
仁科
月球 9 号
阿波罗 11 号
月球 20 号
普朗克
孟德尔
阿波罗 12 号
阿波罗 14 号
阿格里帕
勘测者 5 号
丰富海
勘测者 1 号
勘测者 3 号
卡佩拉
月球 16 号
东 西
东
湿海
云海
神酒海
维尔纳
卡文迪许
月球 5 号
居维叶
第谷
雅可比
施莱辛格
球同等比例的地球
南
南
月球的背面
月球的正面

39

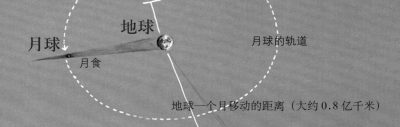

月球　地球　月球的轨道

月食

地球一个月移动的距离（大约0.8亿千米）

火星的轨道

我们前往的下一站，是在地球附近旋转的天体——火星。

人们发现，火星上也有季节之分，而且，它有与地球相似的大气环境，所以科学家们正在进一步研究火星上是否有生物，但是目前尚未发现有任何植物或昆虫存在，只知道火星是一个表面布满碎石子和岩石的天体。

比地球更靠近太阳的金星与地球的大小差不多，它的上空完全被炎热的云层覆盖，云层下面据说是一个布满岩石、温度奇高的世界。

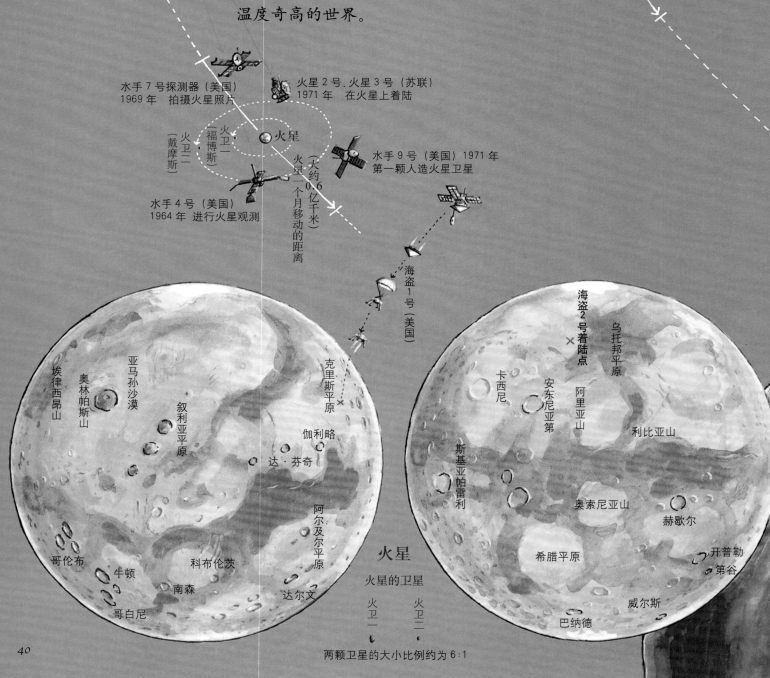

水手7号探测器（美国）1969年　拍摄火星照片

火星2号、火星3号（苏联）1971年　在火星上着陆

火卫二（戴摩斯）　火卫一（福博斯）　火星

水手9号（美国）1971年　第一颗人造火星卫星

水手4号（美国）1964年　进行火星观测

火星一个月移动的距离（大约0.6亿千米）

海盗1号（美国）

海盗2号着陆点

埃律西昂山　奥林帕斯山　亚马孙沙漠　叙利亚平原　克里斯平原　伽利略　达·芬奇　阿尔及尔平原

乌托邦平原　卡西尼　安东尼亚第　阿里亚山　利比亚山

哥伦布　牛顿　南森　科布伦茨　达尔文

斯基亚帕雷利　奥索尼亚山　希腊平原　赫歇尔　开普勒　第谷　威尔斯　巴纳德

哥白尼

火星

火星的卫星

火卫一　火卫二

40

两颗卫星的大小比例约为6:1

在金星旁边旋转的是水星。水星是一颗
小星球，表面布满与月球相似的坑坑洞洞。

水星、金星、火星等天体，就如同地球
的兄弟姐妹，大家都绕着太阳不停地旋转。

水星

水手 10 号（美国）
1973 年 探测金星
与水星并拍摄照片

金星 3 号（苏联）1965 年
首次在金星着陆

金星 5 号（苏联）1969 年
在金星着陆后进行观测

水手 2 号（美国）1962 年
揭开金星观测的序幕

金星

金星一个月移动的距离（大约 0.9 亿千米）

地球的轨道

金星 4 号（苏联）1967 年
在金星进行科学观测

金星 9 号、金星 10 号
（苏联）1975 年
传回金星的照片

水手 10 号（美国）1973 年
拍摄水星照片

照片未能拍到的地方

金 星
（差不多和地球一样大）

歌德
勃拉姆斯
左拉   莎士比亚   屠格涅夫   鲁本斯
德加   罗丹
春信   丢勒   莫里哀
莫扎特
世阿弥   柴可夫斯基   亨德尔
鲁本斯   马克·吐温   二叶亭   列宾   紫氏部
托尔斯泰   永德   广重
贝多芬   海顿   雷诺阿   人麻吕
芭蕉   兼好
陀思妥耶夫斯基   米开朗琪罗   舒伯特   宗达
瓦格纳   拉伯雷   贯之   黑泽
肖邦   巴赫   普希金
狄更斯   塞万提斯
凡·高   薄伽丘

41

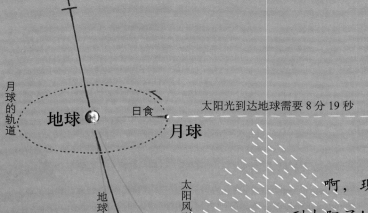

月球的轨道

地球 日食

月球

太阳光到达地球需要8分19秒

地球一个月移动的距离（大约0.8亿千米）

太阳风到达地球大约需要2～3天

金星一个月移动的距离（大约0.9亿千米）

啊，现在我们可以从宇宙飞船上看到太阳了！

自身可以发光的炽热的星星叫作恒星。太阳是离地球最近的恒星，散发出惊人的光与热。这些强烈的光和热，使它的周围产生稀薄的高温气体层，熠熠闪光，这就是日冕。

另外，太阳会释放出强烈的电磁波和高能粒子流，还会突然爆发出耀斑，其中的带电粒子流一旦到达地球，就会冲击地球磁场，使磁场发生紊乱，产生磁暴现象。磁暴会干扰地球上的通信系统，影响其正常运转，但也会在极地产生极其绚丽的极光。

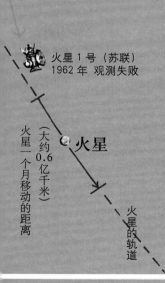

火星1号（苏联）
1962年 观测失败

（大约0.6亿千米）

火星一个月移动的距离

火星

火星的轨道

火星1号的轨道

地球的轨道

太阳的一生

50亿年前

现在的太

从原始的气体云中诞生

由于氢的聚变反应而发出光

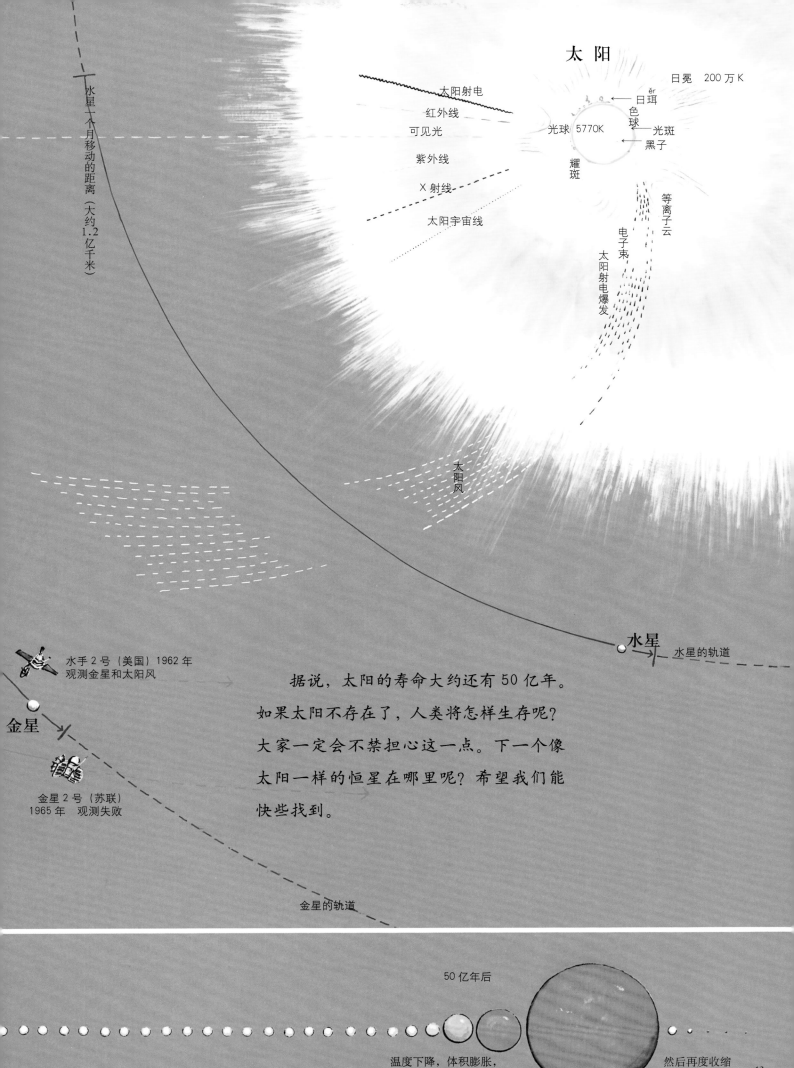

太 阳

太阳射电

红外线

可见光

紫外线

X 射线

太阳宇宙线

日冕　200 万 K

日珥
ěr
色球

光球　5770K

光斑
黑子

耀斑

等离子云

电子束

太阳射电爆发

太阳风

水星一个月移动的距离（大约 1.2 亿千米）

水星

水星的轨道

水手 2 号（美国）1962 年
观测金星和太阳风

金星

金星 2 号（苏联）
1965 年　观测失败

金星的轨道

据说，太阳的寿命大约还有 50 亿年。
如果太阳不存在了，人类将怎样生存呢？
大家一定会不禁担心这一点。下一个像
太阳一样的恒星在哪里呢？希望我们能
快些找到。

50 亿年后

温度下降，体积膨胀，
变成红巨星

然后再度收缩
变小并冷却

43

从宇宙飞船上可以看到绕着太阳旋转的所有星球。但其中没有一个能像太阳一样自己发光。

以太阳为中心的一系列星体组成了"太阳系"。从离太阳最近的数起，它们分别是：水星、金星、地球、火星、木星、土星、天王星、海王星等八颗星球，它们被称为太阳系的"八大行星"*。

除了八大行星，火星和木星之间，还存在着一个由许许多多小行星组成的小行星带，它们也围绕着太阳旋转。

此外，还有许多由冰冻物质和沙粒凝聚而成的星际尘埃，它们也绕着太阳以椭圆形轨道旋转。

当它们运行到靠近太阳的轨道时，就会在太阳热量的影响下，发生蒸发、汽化、膨胀、喷发等现象，在背离太阳的方向产生扫帚似的细长尾巴。因为这一形状特点，人们称它们为"扫帚星"（学名叫彗星）。据估计，太阳系中和太阳系外围有数亿颗彗星。

* 注：2006 年 8 月 24 日，国际天文学联合会宣布，冥王星不再被视为太阳系行星之一。

冥王星
汤博发现冥王星
（美国）1930 年
冥王星的卫星卡戎
被发现 1978 年

旅行者 1 号对木星、土星和天王星的观测
（美国）1977 年

天王星
威廉·赫歇尔发现天王星
（德国）1781 年
天王星环被发现
（美国）1977 年

20

30

海王星
勒维耶（法国）、伽勒（德国）和亚当斯（英国）发现海王星 1846 年

40

与太阳的距离 （亿千米）

60

80

日珥

木星的卫星

太阳系的行星和它们的卫星

* 注：图上是按当时的观测结果画的，标注的数字是最新的观测结果。

			卫星数 1			2

火卫一

太阳
109.13

水星	金星	地球	月球	火星
0.38	0.95	1	0.27	0.53

太阳系行星的对比图（以地球直径为单位1）

44

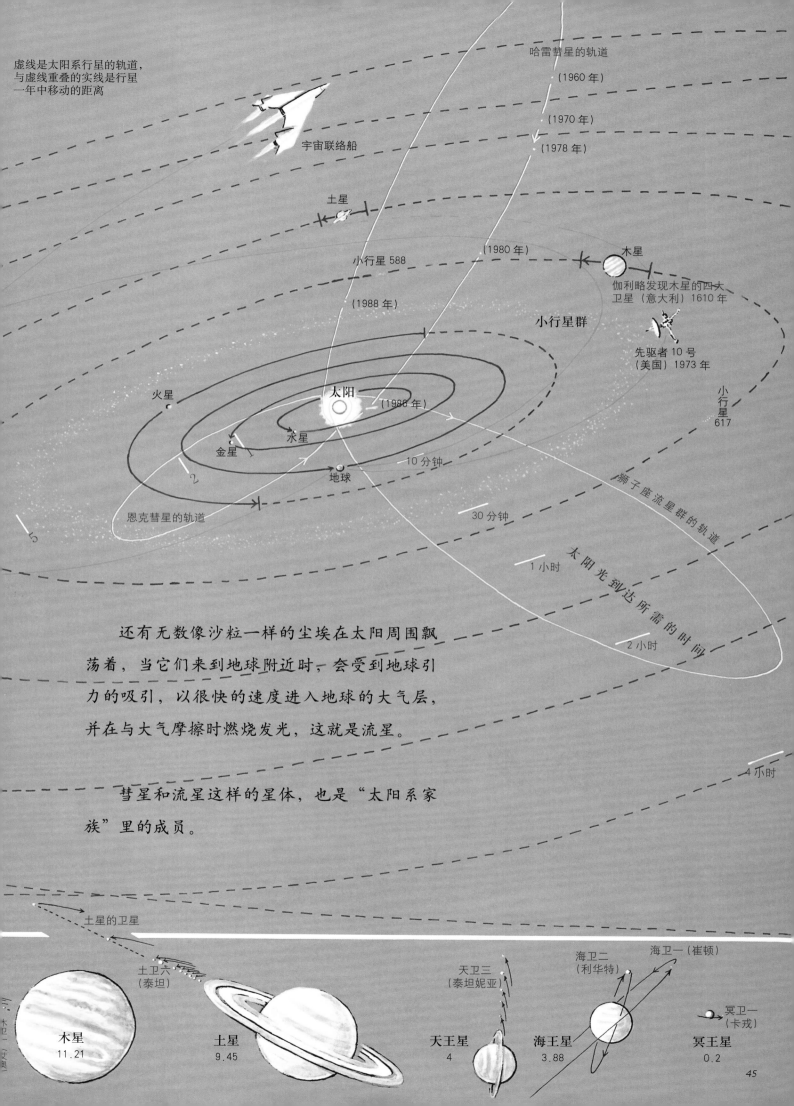

虚线是太阳系行星的轨道，与虚线重叠的实线是行星一年中移动的距离

哈雷彗星的轨道

（1960 年）

（1970 年）

（1978 年）

宇宙联络船

土星

（1980 年）

木星

小行星 588

伽利略发现木星的四大卫星（意大利）1610 年

（1988 年）

小行星群

先驱者 10 号（美国）1973 年

太阳

火星

（1988 年）

小行星 617

金星

水星

地球

10 分钟

恩克彗星的轨道

30 分钟

狮子座流星群的轨道

1 小时

太阳光到达所需的时间

2 小时

　　还有无数像沙粒一样的尘埃在太阳周围飘荡着，当它们来到地球附近时，会受到地球引力的吸引，以很快的速度进入地球的大气层，并在与大气摩擦时燃烧发光，这就是流星。

4 小时

　　彗星和流星这样的星体，也是"太阳系家族"里的成员。

土星的卫星

土卫六（泰坦）

天卫三（泰坦妮亚）

海卫二（利华特）

海卫一（崔顿）

冥卫一（卡戎）

木卫一（艾奥）

木星
11.21

土星
9.45

天王星
4

海王星
3.88

冥王星
0.2

45

太阳系的星球在宇宙里看起来是那么小。现在，我们的宇宙飞船来到了距离地球1000亿千米的地方。太阳带着太阳系家族的星星们，以每秒20千米的惊人速度在宇宙中行进着。

但是，我们到了太阳系行进100多年才能到达的地方，还是没有遇上其他任何一颗恒星。于是，我们又前往太阳系行进200年、300年后到达的地方……甚至连1000年后到达的地方都找过了，但还是没有找到。那么，究竟得到达多远的地方，才能找到那颗可以替代太阳的恒星呢?

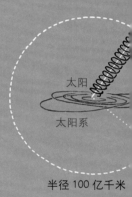

太阳

太阳系

半径100亿千米

宇宙补给站

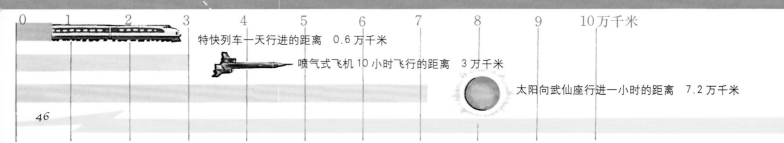

特快列车一天行进的距离　0.6万千米

喷气式飞机10小时飞行的距离　3万千米

太阳向武仙座行进一小时的距离　7.2万千米

46

武仙座方向

太阳 100 年
行进的距离
630 亿千米

地球的前进路线

乘着普通的飞船去寻找实在太花时间了。
目前我们已知的最快速度是光和电波传播的速
度，为每秒 30 万千米。按这个速度，我们每小
时可以前进大约 10 亿千米，每年可以前进大约
10 万亿千米。用光的速度在 1 年中行进的距离
被称为 1 光年。

现在，让我们把飞船的速度加到光速，再
来寻找下一颗行星。

以光的速度需要 100 小时

半径 1000 亿千米

1 光秒：30 万千米
1 光分：1800 万千米
1 光时：10 亿千米
1 光日：260 亿千米
1 光年：10 万亿千米

20

25

30 万千米

光一秒钟通过的距离　30 万千米

大家看到画面上的这几个圆圈了吧。最外面的那个大圆圈的半径就是1光年。而最中间的点就是我们的起点——太阳系。

遗憾的是，即便来到1光年的地方，能够替代太阳的恒星还是没有出现。恒星与恒星之间，原来离得那样遥远。

太阳系

半径1千亿千米

半径1万亿千米

原子能火箭

但是，在那广阔的空间中，并非什么都没有，而是到处散布着极其稀薄的气体和宇宙微尘。这些气体和微尘漂浮在星球与星球间，传递着一些微弱的电波和X射线等。

这些大量的稀薄气体究竟会飘向何方呢？
从遥远天际传送过来的电波终究会停在哪里呢？
还有，我们与下一颗恒星的相遇还需要多久呢？

半径5万亿千米

半径10万亿千米（大约1光年）

宇宙基地

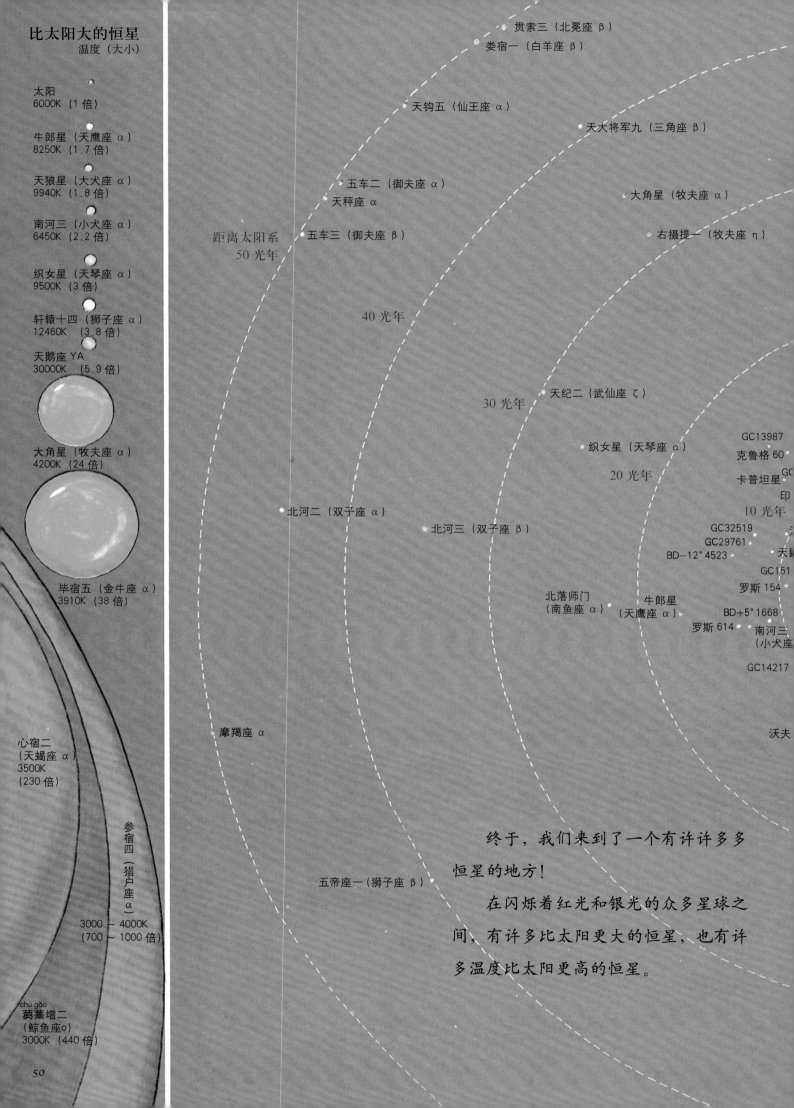

比太阳大的恒星
温度（大小）

太阳
6000K（1 倍）

牛郎星（天鹰座 α）
8250K（1.7 倍）

天狼星（大犬座 α）
9940K（1.8 倍）

南河三（小犬座 α）
6450K（2.2 倍）

织女星（天琴座 α）
9500K（3 倍）

轩辕十四（狮子座 α）
12460K（3.8 倍）

天鹅座 YA
30000K（5.9 倍）

大角星（牧夫座 α）
4200K（24 倍）

毕宿五（金牛座 α）
3910K（38 倍）

心宿二
（天蝎座 α）
3500K
（230 倍）

参宿四
（猎户座 α）
3000～4000K
（700～1000 倍）

chú gǎo
蒭藁增二
（鲸鱼座 o）
3000K（440 倍）

50

贯索三（北冕座 β）
娄宿一（白羊座 β）
天钩五（仙王座 α）
天大将军九（三角座 β）

距离太阳系
50 光年

五车二（御夫座 α）
天秤座 α

大角星（牧夫座 α）

五车三（御夫座 β）

右摄提一（牧夫座 η）

40 光年

30 光年

天纪二（武仙座 ζ）

织女星（天琴座 α）

GC13987
克鲁格 60
卡普坦星
印

20 光年

10 光年

北河二（双子座 α）

北河三（双子座 β）

GC32519
GC29761
BD−12°4523
GC151
罗斯 154

北落师门
（南鱼座 α）

牛郎星
（天鹰座 α）

BD+5°1668
罗斯 614
南河三
（小犬座

GC14217

摩羯座 α

五帝座一（狮子座 β）

沃夫

终于，我们来到了一个有许许多多恒星的地方！

在闪烁着红光和银光的众多星球之间，有许多比太阳更大的恒星，也有许多温度比太阳更高的恒星。

仔细研究这些恒星发出的光的颜色和强度，就可以了解它们的温度、大小、年龄和与地球的距离。

是的，在宇宙中，有刚刚诞生的婴儿般的恒星，有精力旺盛的年轻恒星，也有年迈的、已经不太稳定的恒星，而且，居然还有死去的恒星。

那么，这些恒星是在哪里诞生，又是怎样诞生的呢？

范马南星　G158
4 CD−37°15492

BD+43°44
座τ）
罗斯 128
罗斯 248
726−8

南门二（半人马座 α）

太阳系

还记得吗？前面我们说过，在各个恒星间的广阔空间里，遍布着极其稀薄的气体和宇宙微尘。这些如云彩般蔓延的气体和微尘，有的稀薄，有的相对浓厚，它们会渐渐地聚集成堆，并开始打旋，然后逐渐开始往正中央聚集。

就算只是极其稀薄的气体和极其微小的尘埃，在非常非常广阔的太空里逐渐聚集起来后，就会发生一些不可思议的事情。

具体情形让我们继续往下看。

比太阳小的恒星
温度（大小）

太阳
6000K（1 倍）

蛇夫座 α
7880K（0.85 倍）

王良一（仙后座 β）
6700K（0.81 倍）

蛇夫座 β
4250K（0.8 倍）

克鲁格 60A
3150K（0.32 倍）

克鲁格 60B
2950K（0.25 倍）

九州殊口二（波江座 o）
13000K（0.02 倍）

天狼星 B
9500K（0.02 倍）

南河三（小犬座 α）
的伴星（0.01 倍）

蟹状星云 M1

球状星团 M71

疏散星团 M16

天鹅星云 M17

三裂星云 M20

玫瑰星云 NGC2237—9

猎户座 M42 弥漫星

现在，我们看到的是 1 万光年范围内的宇宙。刚才费尽艰辛也找不着的星球，在这里就像撒在地上的沙粒一样随处可见。

在这里，有一些质量很大的气体团，叫作"原恒星"。稀薄的气体和宇宙微尘，在引力的作用下，被原恒星吸引过来，并打着旋往中间收缩，于是，原恒星的质量越来越大，温度也越来越高，最后，极高的内核温度开始引发热核反应，原恒星开始闪闪发光，恒星形成了。

星星的变化和演化

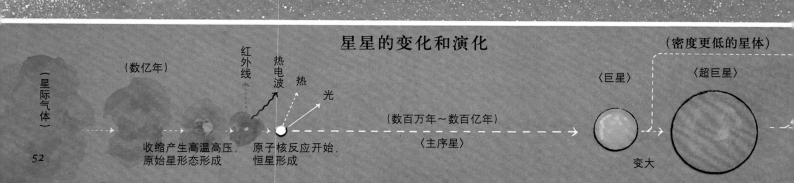

〔星际气体〕

（数亿年）

红外线

热电波

热

光

（密度更低的星体）

〈巨星〉

〈超巨星〉

（数百万年～数百亿年）

〈主序星〉

收缩产生高温高压，
原始星形态形成

原子核反应开始，
恒星形成

变大

像这样诞生的恒星并不是永恒不变的。它们的亮度、颜色及大小都会发生各种程度的改变。经过很长很长的时间，它们有的会碎裂成小块儿，有的会在发生大爆炸后变回宇宙微尘和气体，还有的会变成引力极强的黑洞。任何物质，包括光在内，一旦被黑洞吸进去就再也不能逃出来。

是的，这就是我们现在看到的宇宙。这里，有许许多多的星星在诞生、成长、死亡、消失或变成其他样子，这是一个巨大的星星的世界。

北美洲星云 NGC7000

星云 NGC6992-5

云 IC434

星状星云 M27

昂宿星团 M45

太阳系

1000 光年

5000 光年

10000 光年

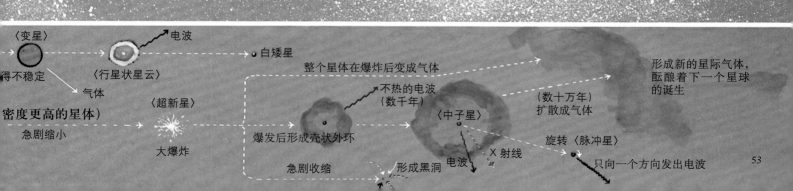

〈变星〉

电波

白矮星

整个星体在爆炸后变成气体

形成新的星际气体，酝酿着下一个星球的诞生

〈行星状星云〉

得不稳定

气体

不热的电波
（数千年）

〈中子星〉

（数十万年）
扩散成气体

密度更高的星体）

〈超新星〉

急剧缩小

大爆炸

爆发后形成壳状外环

急剧收缩

形成黑洞

电波

X 射线

旋转〈脉冲星〉

只向一个方向发出电波

好，我们已经看到了壮观的"群星大会"。下面来看看左边画面上用虚线圆圈围起来的区域，那里就是刚刚那些星星们所在的地方。它旁边可以看到一个巨大的星星旋涡。这个旋涡是由大约2000亿颗各种类型的星星、气团和宇宙尘埃云组成的。

　　这个巨大的星群被称为"银河系"。根据科学家们的推测，银河系是在100亿年前形成的。

　　我们的太阳系处在那个圆圈的正中央，大约是在50亿年前诞生的。太阳系是银河系中较年轻的成员。

太阳在 1000 万年中前进的距离

太阳系

系的中心

这个硕大的星星旋涡在不停地旋转着，
旋涡中的太阳系以几百倍于音速的速度进
行移动。

但即便以这样的高速运转，转上完整
的一圈也要花上 2 亿年的时间。看来，这
个旋涡实在是太大了！

10 万光年

行星状星云
（呈圆盘状）

蟹状星云 M1 NGC1952
金牛座 距离 7200 光年

猫头鹰星云 M97 NGC3587
大熊座 距离 2000 光年

环状星云 M57 NGC6720
天琴座 距离 2300 光年

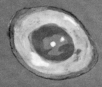

弥漫星云
（分散成不规则状）

三裂星云 M20 NGC6514
人马座 距离 3300 光年

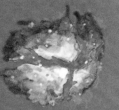

网状星云 NGC6960
天鹅座 距离 1600 光年

玫瑰星云 NGC2237-8 2246
麒麟座 距离 3600 光年

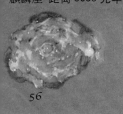

　　从侧面看，这个巨大的银河系旋涡中央凸起，就像一个凸透镜。在银河系里，有各种各样的星星和由气团、微尘组成的星云，而银河系的外围散落着各种星星的集合和群体，这些"小团体"被称为"星团"。

　　旋涡状的银河系和分布在它四周的星团，被轻雾般的稀薄气体包裹着。而轻雾再往外，则是无边无际的黑洞洞的宇宙空间。

　　这种情景，就宛如在浩瀚无边的大海里，散布着一个个小岛，所以，也有人把这些星星的世界叫作"宇宙岛"或"小宇宙"。

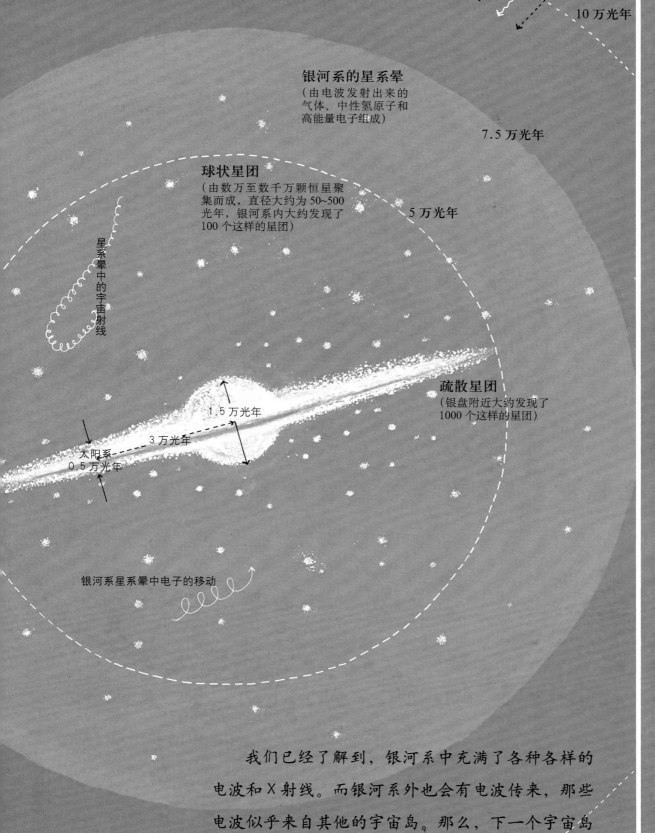

来自银河系外

宇宙射线

电波

X 射线

10 万光年

银河系的星系晕
（由电波发射出来的
气体、中性氢原子和
高能量电子组成）

7.5 万光年

球状星团
（由数万至数千万颗恒星聚
集而成，直径大约为 50~500
光年，银河系内大约发现了
100 个这样的星团）

5 万光年

星系晕中的宇宙射线

1.5 万光年

3 万光年

太阳系

0.5 万光年

疏散星团
（银盘附近大约发现了
1000 个这样的星团）

银河系星系晕中电子的移动

我们已经了解到，银河系中充满了各种各样的电波和 X 射线。而银河系外也会有电波传来，那些电波似乎来自其他的宇宙岛。那么，下一个宇宙岛在哪里呢？

就让我们在宽广的宇宙之海里继续行进、继续寻找吧！

〔星团〕
（由大量的恒星聚集而成）

疏散星团
（由松散的数百上
千颗恒星构成）

昴宿星团 M45
金牛座 距离 410 光年
恒星数 120

鬼宿星团 M44 NGC2632
巨蟹座 距离 520 光年
恒星数 100

M35 疏散星团 NGC2168
双子座 距离 2600 光年
恒星数 120

球状星团
（由数万颗以上的恒星
围绕中心点聚集而成）

半人马座Ω球状星团
NGC5139
距离 1.7 万光年

M3 猎户座球状星团
NGC5272
距离 3.5 万光年

M13 武仙座球状星团
NGC6205
距离 2.1 万光年

六分仪座 α

　　现在，我们放眼瞭望的是 300 万光年范围内的宇宙。处于正中央的是我们所在的银河系。在离我们 200 万光年远的地方，有一个叫仙女座星系的宇宙岛。它比我们的银河系要大一些。

　　仙女座星系和银河系一样，是由数千亿颗星星汇集在一起形成的大旋涡，慢慢地旋转着。研究发现，那里也和我们的银河系一样，会有星星诞生，也会有大爆炸传送过来的光与电波等等。

　　从仙女座星系发出的光和电波要经过 200 万年才能到达我们地球。说起 200 万年前，那恰好是我们的祖先刚刚出现在地球上的时间呢。

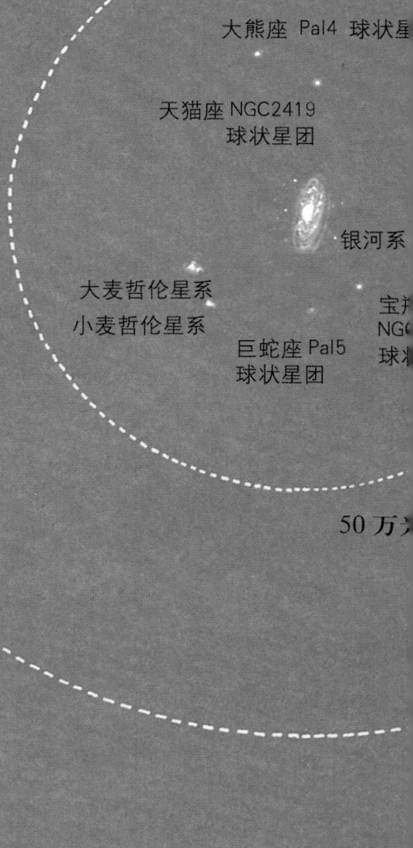

大熊座 Pal4 球状星

天猫座 NGC2419
球状星团

银河系

大麦哲伦星系
小麦哲伦星系

宝瓶
NGC

巨蛇座 Pal5
球状星团

球

50 万光

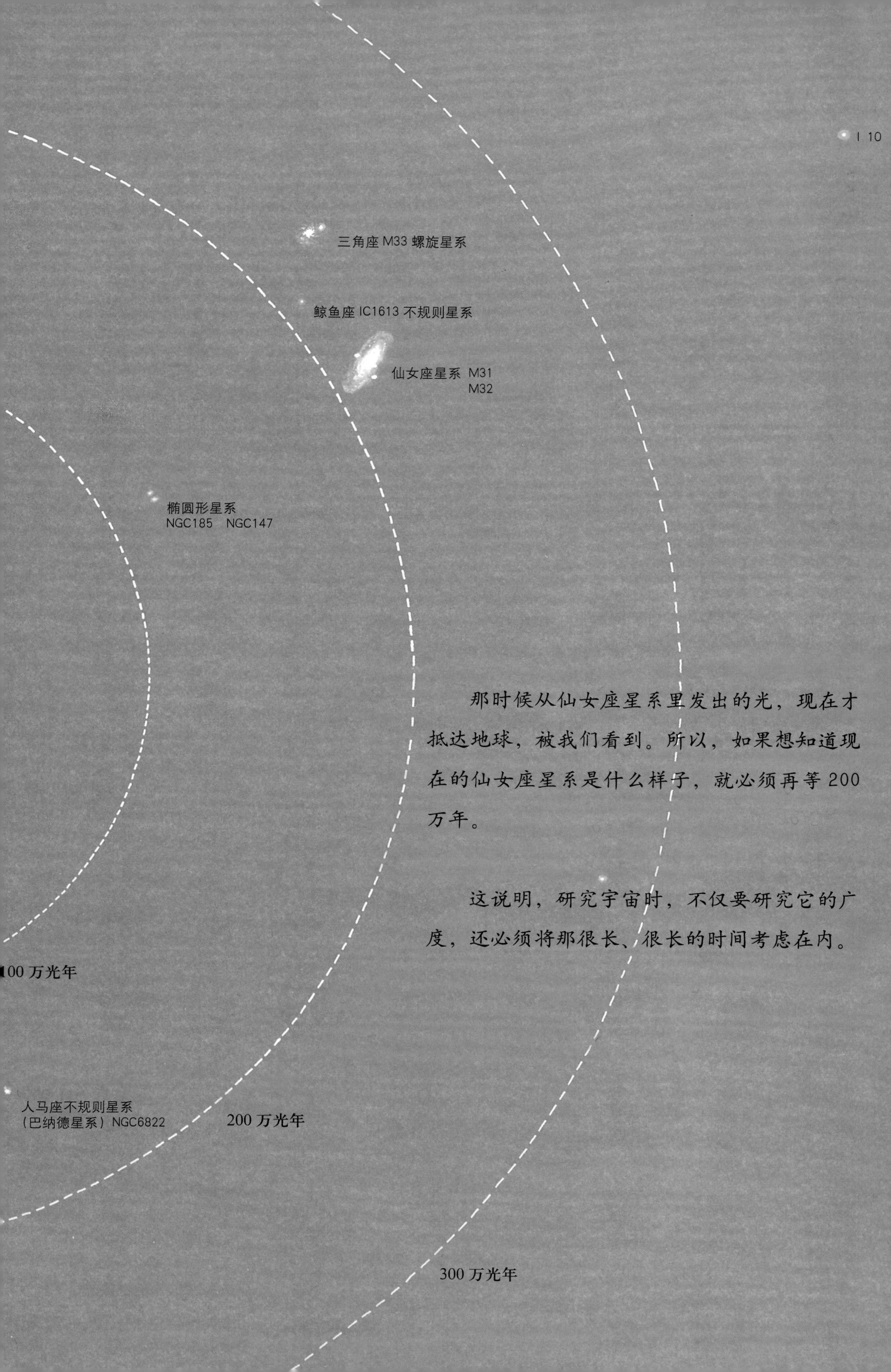

I 10

三角座 M33 螺旋星系

鲸鱼座 IC1613 不规则星系

仙女座星系 M31
M32

椭圆形星系
NGC185 NGC147

那时候从仙女座星系里发出的光，现在才抵达地球，被我们看到。所以，如果想知道现在的仙女座星系是什么样子，就必须再等200万年。

这说明，研究宇宙时，不仅要研究它的广度，还必须将那很长、很长的时间考虑在内。

00 万光年

人马座不规则星系
（巴纳德星系）NGC6822

200 万光年

300 万光年

现在，我们终于来到了离银河系 1 亿光年远的地方，在此瞭望宇宙。

我们发现，在银河系和仙女座星系周围，有许多宇宙岛和小星团，这些宇宙岛和小星团被称为室女座星系团。宇宙不是仅有室女座星系团这么大，而是在浩瀚无际的空间里无限延伸着。

但是，即便我们用接近光速的高速持续不断地飞行，也要花 1 亿年才能来到这里，这个时间比从人类出现到现在的时间还长数十倍呢。

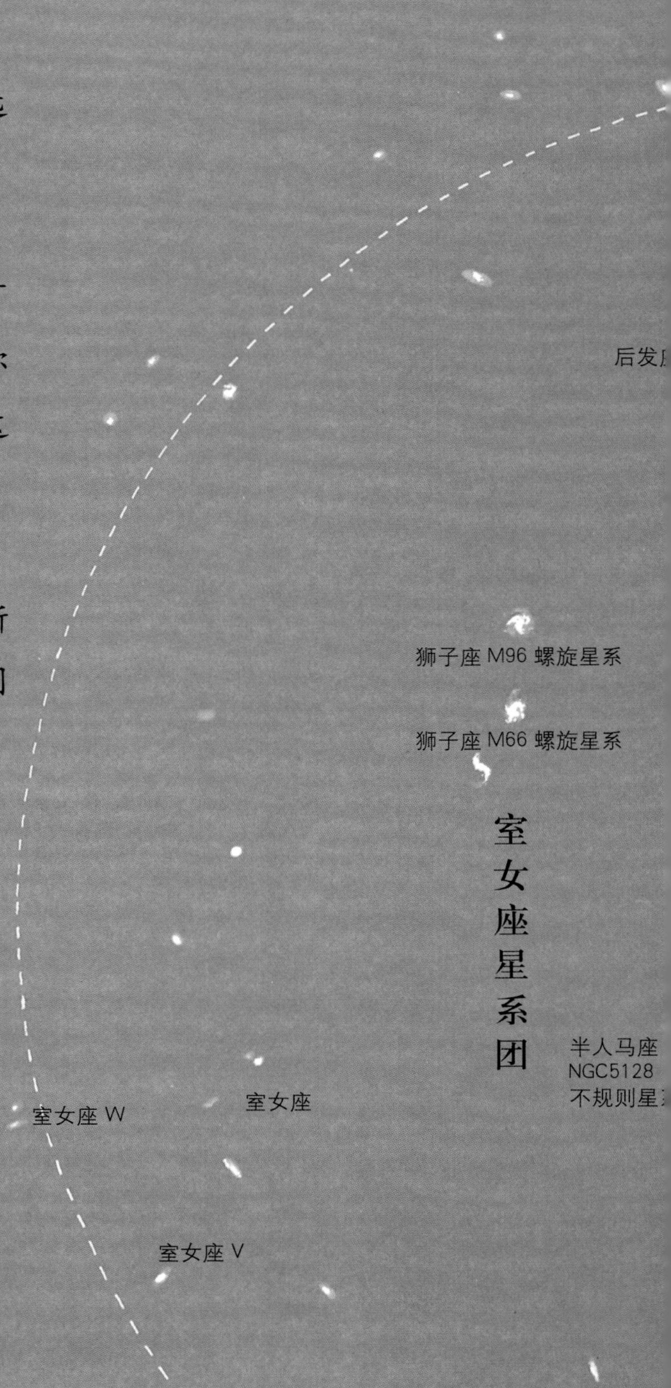

后发座

狮子座 M96 螺旋星系

狮子座 M66 螺旋星系

室女座星系团

半人马座
NGC5128
不规则星系

室女座 W

室女座

室女座 V

鲸鱼座 II 群

大熊座 I 群 Y　　　　　　NGC488

大熊座 I 群 X　　大熊座 I 群 S

鲸鱼座 I 群

大熊座螺旋星系
NGC2841

猎犬座 I 群

M81 大熊座螺旋星系
仙女座星系　　　　大熊座 M101 螺旋星系

椭圆星系 NGC5866

□系　　1000 万光年

玉夫座星系

5000 万光年

□ III 群

　　看到这里，大家也许会想，那将宇宙飞船的速度再提高点
儿不就行了？可是，用比光速还要快的速度去飞行简直就是一
个神话，绝非轻而易举就能做到。

　　且不说凭现在的科学技术还很难达到，就算能用接近光和
电波的速度飞行，也会出现时间和长度变短、重量增加等不可
思议的事。所以，如果想以比光速还要快的速度飞行，所需的
智慧与克服音障、热障和重力时完全不可同日而语。现在，有
许许多多的科学家正为了解决这些难题努力钻研着。

1 亿光年

现在，我们看到的是离银河系 10 亿光年范围内的宇宙。

宇宙中除了室女座星系团外，还有几千亿个这样的"小宇宙"。它们或聚集在一处，或四处散乱地分布，形状也各不相同：有的呈旋涡状，有的呈椭圆状；有的像帽子，有的像风车。它们当中还会产生一些奇怪的现象。

比如，它们有的是暗星云，不会发光，只能放射出电波，还有的一边发出比普通恒星强几亿倍、几万亿倍的光和电波，一边以惊人的速度往远方逃逸，我们称之为"类星体"。

1 亿光

各种各样的宇宙岛（河外星系。虽然看上去像是星云，但其实是由很多恒星聚集而成的世界，又称小宇宙）

椭 圆 星 系

E_0 E_1 E_2 E_3 E_4 E_5 E_6 E_7

研究发现，这些宇宙岛、星云和类星体等，离我们越远，就会以越高的速度离我们远去。

那么，这个浩瀚的宇宙究竟哪里是尽头呢？

它的尽头到底会是什么样子呢？

10亿光年

螺旋星系　　　　　　　　　　　　　　　棒旋星系　　　不规则星系

S₀　　　　　SAa　　　　SAb　　　　SAc　　　　　SBa　　　　SBb　　　　SBc　　　　　Ir

终于，我们来到了能看到整个宇宙的地方。这里包含了目前为止我们看过的所有宇宙中的情景，其半径有150亿光年。处在它边缘的宇宙岛以光速与地球渐行渐远，所以，从那里放射出的光和电波永远不可能到达地球。

亿光年

至此，我们的宇宙之旅必须结束了。这个浩瀚的宇宙是大家工作、生活的地方，带给了人们无穷无尽的思考，也给人们带来了许多快乐。这个宇宙也是你正在生活的地方！

就让我们在这宇宙的边缘告别吧，再见！

创作笔记

狂妄的意图

能将这本《加古里子宇宙图鉴》奉献到各位读者面前，我打心眼儿里感到高兴。

继前作《河川》《海洋图鉴》和《地球图鉴》后，我打算找一个能与这一系列科学绘本相称的更宏大的主题。现在想来，萌生这种想法大约已是十年前的事了。

虽然不知不觉定下了这个书名：《宇宙图鉴》，并开始着手调查，但到底从何入手，如何去做，异想天开地选择这个庞大的主题究竟好不好……这些问题纠缠着我，让我辗转反侧，思来想去。

在此期间，宇宙科学迅猛发展，最新的天文学研究成果也使人类对未知领域的探索不断前行。这些伟大的发现令我震惊不已，而我的资料搜集工作却迟迟没有进展。

那时，我只是徒然地将自己埋在成堆的资料中，一筹莫展。半夜三更，我常常从梦中惊醒，然后迷迷糊糊地将梦中偶得的想法赶紧用笔记录下来。今天，能将这本绘本呈现在读者面前，我真是百感交集。

在此，请原谅我跟大家赘述一下个人的私事。其实，创作期间还有一个小插曲：5 年前，为了能做好这本绘本，腾出更多的时间进行资料搜集、绘画等工作，我从工作了 25 年的公司离职。之后，为了安放那些堆积成山的资料，以便更好地进行创作，我辟出了一个小小的工作室。

之所以能从这样艰辛的历程中走过来，即便费尽心血也在所不惜，是因为我想在《宇宙图鉴》这本书中，向读者们传达这样一些信息：

（1）这本书既不描述玄虚的道理，也不讲述虚构的故事，而是本着科学的见解和态度，正确地面对这个容纳我们生存的最大空间范围与最长时间尺度。为此，我希望能用直截了当的方式进行正面的叙述与描绘（例如绘本里有关飞行速度是否可能超过光速和太阳系行

进速度的说明）。

（2）在这个浑浊的社会里，人们变得很容易丧失希望，滑向颓废享乐的泥潭。面对这一现象，与生俱来的"飞得更高""走得更远"的愿望会促使人类思考、挑战和进取。能克服种种障碍和困难走到今天，是优秀个人智慧的结晶，也是人类万众一心集体努力的成果。这种向上的精神，我想让大家感受到（比如通过展示各种交通工具——特别是不断提速的太空飞行器、各个国家的高层建筑和天体构造的比较图等）。

（3）人类对宇宙的理解和认识，最初仅限于观测星星的运行等单调的事情，但是很快就超越了宗教世界观的范畴和政治游戏，成了一门科学。现在，通过肉眼看不见的 X 射线和电波的精密观测分析，天文学已经开始就宇宙形成的原因和构造与其他先进的学科进行交流，成为一门内容庞杂的综合科学。我希望通过这本书，让大家多多了解到这些宇宙科研的情况。为此，我在书里提到了光学望远镜和射电望远镜的进步，以及太阳风、极光、磁暴等情形。我还在封面上展示了规划中的日本野边山射电望远镜，它直径 45 米，将被用于捕捉来自宇宙的电波。关于宇宙生物、奥兹玛计划（Project Ozma）[1]和阿雷西博信息（Arecibo Message）[2]，以后有机会再做介绍。

以上这些，是我在创作《宇宙》这本书时无论如何都想表达出来的内容。

"两段式发射"绘本

为了将这些想法和愿望融入书里，我运用了在已出版的作品中尝试过的"从身边开始逐渐移向远处"的手法，还用到了之前我的一本名为《我现在所处的地方》的书的构思，另外参考了济茨·波克（Kees Boeke）的名作《四十级连跳，从不同尺度看这个宇宙》（*COSMIC VIEW——The Universe in 40 Jumps*）和它的电影版。我将这本书的内容分为两大层次，好比火箭的两段式发射一样：从开头到第 15 个场景为第一段，讲述离开地球前要做的

---

[1] 美国康奈尔大学的天文学家法兰克·德雷克使用望远镜搜寻地外文明的计划。
[2] 1974 年，位于波多黎各的阿雷西博望远镜以距离地球 25000 光年的球状星团 M13 为目标，发送的一串由 1679 个二进制数字组成的信息。

准备和人们寻觅方法的历程；第16个场景以后是第二段，开始在浩瀚的宇宙空间中进行旅行。所以说，本书采用的是"两段式发射"形式。

在这本书的创作过程中，我时时将以下三点铭刻在心：

（1）一边条理清晰地将贯穿全书的行文和绘画进行合理布局，一边不忘将合适的内容充实到已明确的骨架里，并尽可能做到风趣、缜密、多样化；

（2）保持连续性，引导线索逐渐自然地步入结尾，同时在儿童读者可以理解的范围内，进行一定程度的跳跃，尽量保持文字与画面表述的一致性；

（3）我所追求的"有趣"，并不是低俗的玩笑和噱头，而是由真正地理解带来的喜悦和由求知欲带来的快乐。这样的趣味性，才是激发未来科学探索的力量源泉，也是我一直努力的方向。

虽然我已努力控制篇幅，但还是达到了30个场景之多。有人看过我在该科学绘本系列中已出版的作品后曾说："这既不是图鉴，又不是……真的是很奇怪的书。"事实上，之前也好，这次也罢，我都是按照"绘本"的感觉进行绘制和描述的。

即便它阐述了一个超大型主题，即便它有30个场景，但对我来说，"它是一本绘本"这件事从未改变，而且我为此感到自豪。

同时，也有人赞扬我之前的系列作品"将各种各样的知识有趣地融合在一起"。

一方面，我衷心感谢这样的赞誉，另一方面，却也不禁听出了弦外之音——这话的大前提也许是"有关知识与科学的东西一定是无聊的、繁琐的、令人讨厌的"，或者"学习科学知识是一种不符合人性的'填鸭式'行为"等等。这些联想令我有些不安。

知识和科学虽然并非像漫画或相声那样轻松愉快，但我一直认为它自有其伟大的魅力。

为了尽可能简单明了地传达这种伟大的魅力，我向这本书倾注了我的一切力量。如果大家能读懂书中的正文，我想就已经充分实现了我创作这本书的初衷。为了方便那些想了解更多相关知识的读者，也为了能让大家理解得更为全面，我特意在图中添加了一些较详细的注释和说明。如果大家能够不分年龄和专业领域反复阅读

这本书，那将是我的荣幸。

关于数字的几点请求

下面，我想向阅读本书的各位提出两个请求。

第一个请求是关于本书中提到的数字。

本书中出现了大量的数字，这些数字大概分为三种类型：

第一种是历史上的数字和数值。

比如第一辆火车（蒸汽机车）的速度、埃菲尔铁塔的高度等，都是不变的数值。它们或是某个领域的里程碑，或对某个领域的发展很有意义，出于此方面的考虑，我将它们收录进来。

选择时，我尽可能优先考虑具有重要意义的数字。但是，即便这种"具有历史意义的数字"，也可能在某一天被刷新。另外，在不同的记录和书中，也会有形形色色的记载。

我一直在尽最大的努力确保数字的准确。但根据具体情况，有的地方也大胆采用了内部得到的非公开的数字，选择基本是根据我的个人喜好进行的，这一点敬请大家谅解。

第二种类型，是让我感觉略有欠缺的那些科学领域的数字。主要是气象、天文和地质学领域的数据，比如冥王星的相关数值、银河系外星云间的距离等等。随着观测技术的进步，本书中会有越来越多的东西需要修正。

在本书进入收尾阶段时，类似情况也时有发生，如数据又发生了变化，权威研究报告中对过去的数据又进行了公开否定和订正等。

然而不管等到何时，数字都会有新的改变，因此，我尽量将迄今为止（1978年8月）所能得到的最新数据记载到书里。

至于一些有争议的项目和条款，我以1953年出版的理科年表为依据，还使用了天文台提供的资料。

所以，作为本书第一版时的原始数据，如果这些数字没有特别大的变更，我打算以后就这样不加改动了。

在写下这篇笔记时，我也是一方面因为自己能拿到最新的数据而感到有些骄傲，另一方面又深知当这本书

送到读者您的手里时，一些数字也许又已经过时了。

在此，我希望大家在感叹科学的进步和观测技术的伟大时，也能顺带帮我添写一笔。

第三种类型，是我想让大家大致了解一下的表示趋势的数字。包括昆虫和哺乳动物的速度与体长比，以及人类的身高和体育纪录等数字。

这些数字有的是平均值，有的是最高值，有的是在较严格的条件下得出的，有的则出自自然状况下，不太一致。还有的是跨度很大的一个数值范围，也有由于详细状况不甚明了，只注明数字的情况。

因此，将其直接与某个数字做对比，或者对数字之间的差别穷追不舍、反复探讨，其实毫无意义。

但是，为了让大家大致了解一下各个物种的速度和体长，或者说为了让大家知道有些动物比表面看起来厉害得多，我在初版时尽可能地将所搜集到的数据一并放了进去。

这三种数字，所包含的意义和内容各不相同，但是——

（1）每个数字背后都有人付出了汗水和许许多多不懈的努力，它们都是经过各种各样的搜集工作才得到的；

（2）记载这些数字，是为了展示科技发展动态或表现生物进化等漫长的过程，也是为了让大家有一些相对客观的了解。这一点，希望大家能体会到。

如果大家忘记了这些，一味地纠结于数字本身，那就背离我的初衷了。

关于颜色和画面

第二个请求，是关于画面中的色彩处理和描绘手法。

正如大家所见，我尽可能将日常生活中真实的形状和色彩作为绘图的基础，采取了写实派画法，因为我希望尽可能通俗易懂地将宇宙的大小及其形态描绘出来。

但是，在有限的画面之中，如果运用某种特殊的画法会产生更好的效果，我通常就会作个别处理，采用某种特殊画法。

比如在关于昆虫跳跃距离和高度的画面中，我没有将其描绘成原大小，而是根据画面采取了同比例放大的方式。

还有昆虫和动植物、人造卫星和天体等，我一方面遵循它们相互间的比例，另一方面进行了一些夸张的描绘，以方便读者理解。

顺便还要说一下，某些具有重要意义的人造卫星和天体，即便现在已经消失，我也将其活动时的状态描绘出来，以示记载和纪念。

为了便于理解，对于远古时期就已灭绝的古代陆生生物，我没有进行着色处理。

在表示速度等的柱状图中，有时会画成向画面外延伸的样子。这种处理是因为我不想将柱状图的终点完全放到画面上来，只是想展示一下它的趋势，不过我把绝对值都用数字进行了标示。

另外，柱状图的用色主要考虑的是该场景的色彩感，没有其他用意。

再有，现实中的宇宙空间位于离地面16千米的上空，那是一个由深蓝色逐渐过渡到漆黑空间的世界。

在进一步描绘更遥远的宇宙空间时，本应都使用黑色，但是考虑到要记载的项目和说明要用到的记号和符号等，便在第12个场景之后，采取了依次将画面的颜色加深、加浓的方法。

正如之前在有关数字的说明里提到的，第20个场景里各个行星的运行位置都按照现在(1978年8月1日)的情况进行标示。

但是在其他的场景中，出于画面处理等技术上的考虑，就并非如此。这一点想预先跟大家说明一下。

第17个场景里的月球表面和第18个场景里火星、水星的地图上，写有许多科学工作者和名人的名字。特别是水星，上面有紫式部、(歌川)广重、世阿弥、(松尾)芭蕉、贝多芬、凡·高、歌德等大家非常熟悉的文学家和艺术家的名字。本想一一作为详细的介绍，但因为放上去的名字过多而画面有限，就只好割爱了。

如有机会能出版更为详细的书，希望不仅能让大家知道这些名字究竟命名了什么地方，同时也把天文学者和宇宙科学工作者丰富的内心世界更多地介绍给大家。

从第14个场景起是顺次扩展的对宇宙的描绘，本想画成背后远远地有许多星星的样子，但是因为在画面上只能看到有限的空间范围内的天体，所以我便采取了一点点逐渐向外扩展的手法。

离开太阳系以后，我画上了银道坐标系，采用了以银经和距离来标示的平面化表现手法。

大家可以看到，最后一个场景描绘了150亿光年内的宇宙的样子。可能有人会说，小宇宙的数量也太多了吧。那么我就在此赘述一句：这里所描绘的小宇宙的数目应该没超过2万，可是仅凭现在的宇宙科研成果，已知的小宇宙的数目就已经超过这个千万倍了。

我的第三个请求是：我在书中描绘了许多兵器和军用设备，希望大家不要凭简单的主观臆测或断章取义而加以否定。

年少时曾经痴迷于飞机的我，在描绘第8个场景中的各种飞机时，常常陷入怀旧的感慨之中。但是在本书中，完全没有任何希望军国主义复活、承认军国主义等意图。

附带画上军用飞机、军舰和洲际导弹等，是因为过去的科技发展受军事的影响非常大，这一点不容无视。因此，这里仅仅是一种客观的记录，没有其他隐含的意义。

战争夺走了很多宝贵的生命，但是目前仍有少部分人美化各式战斗机和战列舰的长处，宣扬军国主义侵略思想。另外，关于兵器的记载有还是没有好，也有一些人仅凭单纯的理由就展开激烈的争论。我本人不想加入任何一方，也不喜欢多说些什么。

就此，大家可以关注一下第13个场景，比起重型大炮所能到达的距离，纤弱的候鸟和小女孩放飞的玩具气球所到达的距离要高得多、远得多。之所以这样描绘，是想借此传达我的想法和主张。

那么，作为读者，您今后将以什么为目标去生存，想教给孩子们些什么，在家庭、学校、幼儿园和职场想做些什么，那就看您的意愿了。

嘹亮的"巡星之歌"

最后我想说的是，像我这样一个宇宙知识方面的门外汉，如果说能将上述意图和内容都如愿添加到这本书里，那应该是多亏有众多专业资料和优秀论著的帮助，更重要的是，有诸多各方面的专家，挤出宝贵时间对我所画的草稿逐一校阅，并在细微之处给我提供宝贵意见和提示，在此向他们致以深深的谢意。他们是：

宫本正太郎　　（京都大学名誉教授）

小尾信弥　　　（东京大学教授）

东　　昭　　　（东京大学宇宙航空研究所）

西田笃弘　　　（东京大学宇宙航空研究所）

长友信人　　　（东京大学宇宙航空研究所）

森本雅树　　　（东京天文台）

以上诸位专家对我的帮助非常大。而且，他们不仅给我提出恰当的建议，还贡献出了严格、热忱的治学态度和贴近孩子的温暖心灵，我希望能将这些通过这本书一起传达给读者们。

同时，还有以下几位在繁杂数据和重要资料的查询方面为我指点了迷津。他们是：

久田迪夫　　　（多摩动物园园长）

矢岛　稳　　　（上野水族馆馆长）

松田道生　　　（日本鸟类保护联盟）

伊藤节子　　　（东京天文台）

高柳雄一　　　（NHK科学产业部）

在此，对上述诸位专家均致以深深的感谢。

还有福音馆书店编辑部同仁以及松居直社长。他们在我提出各种荒谬的请求时，毫不迟疑地展开调查探索或精心地进行繁杂的印刷处理。如果没有他们极尽耐心的温暖鼓励，估计也不会迎来这本书面世的一天。

特此铭记，深表敬意。

给编辑部寄出最终稿的第二天，我拜访了仙台附近的一个小保育园。

那个保育园是所谓的"综合保育机构"，里面一半是身体残障的孩子，一半是普通的健康孩子，他们共同接受保育员阿姨们的指导。

在日本，建立综合保育机构是一件极其困难的事。因为总有一些健康孩子的家长以各种各样的理由表示强烈反对，比如说担心影响自己孩子的发育，或者这种保育园设立在家附近会有损声誉等等。

在那里，我看到患有唐氏综合征的小男孩 M 和患有先天听觉障碍的小男孩 K 等"障碍儿"，竟在那里和其他的孩子一起，张着小嘴认真地唱着歌。再仔细聆听他们的歌声，我的身体竟然微微颤抖起来。

这种颤抖可不是由于工作或旅途的疲劳。

而是因为那歌声、那歌词在我的耳畔强劲有力又嘹亮无比地回响起来——

猎户雄壮高歌唱，

洒下雨露与白霜，

仙女星云天上挂，

勾出朦胧鱼口形。

不说大家也能知道，这是日本著名诗人、童话作家、教育家宫泽贤治的《巡星之歌》。

这是一支音域较宽、比较难唱的歌曲，可是他们一点儿都没唱跑调。他们那样认真地睁大双眼，高挺着胸，庄严地唱着。那身姿、那歌声，给予了我极大的震撼。

这歌声让我感觉到，哪个孩子都具有成为像这样的优秀孩子的力量，而给予这些孩子力量的是那些付出艰辛的保育员阿姨，还有支撑着这一切的母亲们。保育园阿姨们会用录音机录下自己的歌声，然后让孩子们来评判；而在体育游戏——比如柔道中的连续背摔中，她们会拉着自闭症女孩 Y 的手和她一起摔倒……

宫泽贤治描写的名叫琼瑟童子和鲍瑟童子的双胞胎星子，不也是这些孩子的写照吗？我寻求的"宇宙"，不正是这些保育园阿姨、保育园园长和这些孩子的父母所在的地方吗？

我的内心充满了感动，为了这些孩子和这些充满爱心的大人们，我要早点赶回去，着手开始下一本书的准备工作。

等下一次再见吧，大家多保重！

我国的宇宙探索历程

北京大学信息科学技术学院博士　张平

宇宙是什么呢？宇宙是怎么来的？宇宙有多大？宇宙存在有多久了？以后宇宙会变成什么样？这些问题自古以来就一直困扰着人类。在科学不发达的年代，各民族都有自己对宇宙的想象。比如，古埃及人认为大地是浮在水上的，古希腊人认为大地下有支柱支撑着，古印度人则想象大地是驮在大象背上的，而我国自古就有盘古开天辟地的神话。

中国古代有"天圆地方"的学说，但随着对宇宙的观测与思考，人们的认识也在逐渐改变。东汉著名天文学家张衡在《浑天仪图注》一书中阐述："浑天如鸡子，天体圆如弹丸，地如鸡中黄，孤居于内，天大而地小，天表里有水，天之包地，犹壳之裹黄。"这里描述的是浑天说。这个学说的最大成就是肯定了大地是球形的，是悬在空间中的球体。

古人笃信占星术，即以日月星辰位置的变化来占卜吉凶，这也促使人类对星空进行观察。西方将星空分为若干个区域，每个区域就是一个"星座"。星座的名称很可能来源于水手，在茫茫大海中航行时，他们就靠这些星座确定前进的方向。在西方经典——《圣经·约伯记》里，就提到了大熊、猎户等几个星座。而在中国古代，人们将天空划分为28个星区，叫作"二十八星宿"，每宿包含若干颗恒星。如书中提到的参宿四、心宿二、毕宿五……就是中国古代对星宿内这些恒星的命名。

古代哲学家们对于宇宙问题的探讨，大多是关于大地和天空的关系等问题。到了近代，随着科学的发展，人们探讨的核心演变为地球和太阳之间的关系。16世纪，哥白尼发表"日心说"；17世纪，开普勒得出"行星运动三大定律"，伽利略发明天文望远镜，牛顿阐明"万有引力定律"和"三大运动定律"；到了1782年，威廉·赫歇尔绘制了第一张详细的银河天体图；1845年，威廉·巴森兹首度描绘出了螺旋状星云；1897年，叶凯士望远镜首次证实银河系是一种螺旋状星系；而到了20世纪，哈勃揭开了探索遥远星系的序幕，爱因斯坦提出了广义相对论，人类对宇宙的研究取得了长足的进步。

反观我国，由于长期的封建统治和战乱，科学技术的发展远远落后于欧美等国，直到中华人民共和国成立后，在钱学森等一代从海外学成归来的科研工作者的努力下，宇航事业才逐渐起步。

卫星

人造卫星是通过运载火箭、航天飞机等太空飞行载具发射到太空中，像天然卫星一样环绕地球或其他行星运行的一种人造天体。根据美国忧思科学家联盟（UCS）网站的统计，截至2013年9月1日，全球在轨地球卫星共1084颗，其中美国461颗，俄罗斯110颗，中国107颗。1957年，苏联发射了世界上第一颗人造地球卫星——"斯普特尼克1号"，它运行了92个昼夜，人类从此进入了利用航天器探索外层空间的新时代。1970年，我国发射了第一颗人造地球卫星——"东方红一号"。经过40多年的发展，目前已经形成了比较完整的卫星体系，包括通信、导航、遥感、气象、海洋、科学实验等系列卫星。

通信是卫星的主要应用之一。虽然目前地面通信网络已经比较成熟和普及，但地面网络的覆盖范围毕竟有限，无法覆盖海洋和陆地上的一些偏远地区。卫星通信因为覆盖范围广、不受地面地理条件限制，可以有效地补充地面网络的不足，实现全球任意地点任意时刻的通信覆盖。另一方面，地面网络容易受到自然灾害的影响，比如地震、泥石流、洪水、台风等等，这些自然灾害往往会损毁整个区域的供电和通信设施，导致通信网络中断甚至瘫痪，这时候卫星通信就能派上大用场了，它不受任何地质或者气象灾害影响，是应急救灾的重要保障。我国通信卫星的发展历史可以追溯到1984年发射的"东方红二号"试验通信卫星，经过近30年的发展，现有的通信卫星数量有20余颗，覆盖范围包括我国国土和周边区域。随着经济的发展，我国的卫星通信网络需要逐步走向全球覆盖。

导航定位是卫星的另一个重要应用。在交通运输、工程施工、勘探测绘等领域，都需要运用卫星进行导航。随着技术的进步和普及，导航定位功能已经深入到我们生活的方方面面。比如说，我们在一个陌生的地方迷路了，只要打开手机的导航功能，就能立即知道自己所处的位置了。目前，技术上最成熟、应用最广的导航定位系统是美国的全球定位系统（GPS，Global Positioning System），该系统由24颗卫星组成，分布在6个轨道面上，保证在全球任何地点、任何时刻至少可以观测到 4 颗卫星[①]。

由于导航定位系统在国家战略地位中的重要作用，我国也开始建设自己的卫星导航定位系统——北斗系统。整个北斗卫星导航系统分两步走：第一阶段是从 1994 年到 2003 年，开始建设北斗卫星导航试验系统（北斗一号），总共三颗卫星，实现区域有源定位[①]；第二阶段是 2004 年之后，开始建设正式系统（北斗二号），这一计划又分为两个阶段，前一阶段是到 2012 年底，实现区域无源定位[②]，后一阶段是到 2020 年底实现全球无源定位。目前区域无源定位已经实现，总共有 14 颗卫星在轨工作，于 2012 年 12 月 27 日起正式提供卫星导航服务，服务范围涵盖亚太大部分地区。相比 GPS 系统，我国北斗卫星导航系统有一个优势，就是提供短报文通信服务，每次可发 120 个字。可别小看了这 120 个字，在关键时刻可是能救命的，比如在海上救援时，受困人员可以通过短报文发送自己的位置信息等。

对地观测也是卫星的一大应用。与传统的地面或者航空对地观测手段（飞机、高空气球或者飞艇）相比，卫星对地观测具有覆盖范围广、扫描速度快、重复访问时间间隔短、信息自动化程度高等优势，因此得到广泛的应用。目前我国拥有各类对地观测卫星 60 余颗，包括资源、环境、测绘、侦察、海洋、气象等多种系列。其中，"风云"系列气象卫星从 1988 年开始相继发射了多颗，在气象观测方面发挥了重要的作用。此外，值得关注的是我国的高分辨率对地观测系统，该系统在 2010 年全面启动实施，并于 2013 年 4 月成功发射首颗卫星——"高分一号"。高分辨率对地观测系统的建设将全面提升我国自主获取高分辨率观测数据的能力，在国土资源调查与动态监测、环境与灾害监测、气候变化监测、精准农业信息服务等方面发挥重要作用。

除了地球卫星之外，我国还成功发射了多颗探月卫星。2007 年，"嫦娥一号"探月卫星成功发射，我国首个月球探测计划——"嫦娥工程"正式启动。"嫦娥一号"绕月一圈，获取了月球的影像资料并进行了对月观测。 2010 年，"嫦娥二号"绕月卫星升空。2013 年，"嫦娥三号"在月球表面成功软着陆，将月球车——"玉兔号"送上月球。

---

①数学上可以证明，至少需要 4 颗卫星才能确定一个点在三维空间中的精确位置。

①有源定位：用户需要主动向地面站或者卫星发射信号来实现定位。

②无源定位：用户不需要发送信号，只要接收地面站或者卫星发射的信号就可以实现定位。

飞船

飞船可以将航天员和货物运送到太空里，运行时间一般是几天到半个月。它可以独立在太空中飞行，也可作为往返于地面和空间站之间的"载体"，还能与空间站或其他航天器对接后进行联合飞行。

飞船技术方面，美国和苏联一直走在世界前列。1961 年 4 月，苏联发射的"东方一号"首次将人类送入太空。1965 年，苏联发射了"上升二号"，飞船上的两名航天员完成了一次史无前例的创举——太空行走。"联盟号"是苏联的第三代载人飞船，从 1967 年开始，共发射了 40 艘。自"联盟 10 号"开始，苏联的宇宙飞船转到与空间站对接载人飞行，把载人航天活动推向了更高的阶段。

1961 年 5 月，美国紧随苏联，发射了"水星-自由 7 号"，将航天员谢泼德送入太空。美国曾研制和发射过三个型号的飞船，分别是"水星号""双子座号"和"阿波罗号"。其中，"水星计划"始于 1958 年，结束于 1963 年，这个型号的飞船是第一代载人飞船，共进行过 6 次载人飞行试验；"双子座计划"始于 1965 年，终于 1966 年，共进行 10 次载人飞行，主要是为"阿波罗号"登月做技术准备。鼎鼎大名的"阿波罗计划"则于 1961 年正式开始，1969 年，"阿波罗 11 号"终于成功将人类送上月球，完成了人类登月的梦想。

我国则在发射了四艘无人试验飞船之后，于 2003 年成功发射了第一艘载人飞船——"神舟五号"，将航天员杨利伟送上太空，成了第三个有能力独自将人送上太空的国家。之后，我国又相继发射了"神舟六号"（共搭载 2 名航天员）、"神舟七号"（共搭载 3 名航天员）、"神舟八号"无人飞船、"神舟九号"（共搭载 3 名航天员）和"神舟十号"（共搭载 3 名航天员）。

虽然飞船是最简单的一种载人航天器，但它还是比卫星等无人航天器复杂得多。飞船里有许多特设系统，以满足航天员在太空工作和生活的各种需要，如空气更新系统、废水处理系统、通信系统、仪表和照明系统、逃生系统等，还需要有专门的系统，控制温度和湿度。

航天员在太空中是怎么生活的呢？在太空中，人和东西都处于失重状态下，会飘浮在空中，所以生活与在地面时完全不一样。航天员们吃的食品，从本质上来说是跟地球上一样的，但为了减轻飞船的负荷，航天食品都尽可能地做到体积小、重量轻，另外，为了防止残渣在飞船内漂浮，食品都不会掉屑。比如肉就会做成一块一块的，上面涂上保护膜，航天员进食时就可以一口吃一块了。汤、羹、汁、果酱等液体则被包装在塑料口袋或牙膏状的软铝管里，吃时需要一点一点地往嘴里挤。　航天员们睡觉时，也要克服失重带来的困扰。他们会把自己绑在太空舱里的某个地方，钻到睡袋里睡觉。

空间站

　　空间站在距离地球较近的轨道上长时间运行，是可供多名航天员巡访、长期工作和生活的载人航天器。它是人类在太空中的"家"，里面有工作和生活需要的一切设施，一般会飞行数月到数年。到目前为止，全世界已发射了 9 个空间站。

　　苏联共发射过 8 座空间站，其中包括 7 座"礼炮号"空间站和 1 座"和平号"空间站。1971 年，"礼炮 1 号"升空并与"联盟 11 号"飞船成功对接。它在太空运行了 6 个月，于同年 10 月在太平洋上空坠毁。从"礼炮 6 号"开始，增加了一个对接口，除了可以对接载人飞船外，还可以与货运飞船对接，用以补给航天员生活所需的各种用品。所以，"礼炮 6 号"的运行时间比之前的空间站都要长得多，共在太空飞行了近 5 年。1986 年，苏联又发射了"和平号"空间站。它在太空运行了 15 年，接待了来自 12 个国家的航天员，取得了丰硕的科研成果。但由于缺乏维修经费，2001 年，俄罗斯宇航局终于决定将其坠毁。

　　美国于 1973 年发射过 1 座空间站——"天空实验室号"。空间站上进行了大量天文、遥感和航天生物医学实验，拍摄了许多太阳活动照片，站上的航天员们还首次在大气层外亲眼观看到了彗星。这个空间于 1979 年进入大气层坠毁。

　　1998 年，俄罗斯用"质子－K"火箭将国际空间站的第一个部件——"曙光号"多功能舱送入太空，"国际空间站计划"启动。该计划由美国和俄罗斯牵头，德国、法国、日本、加拿大等 16 个国家联合参与研制。空间站上的研究领域包括生物学、物理学、天文学、地理学、气象学等多个领域。现在，许多国家的航天员都在站内工作。

　　我国也在计划建设自己的空间站。2011 年，我国发射了"天宫一号"飞行器。它是我国第一个太空实验室，也是我国空间站的起点，标志着我国已经拥有建立初步空间站的能力。2011 年，"神舟八号"无人飞船与"天宫一号"完成对接，这是中国太空史上第一次太空飞行器对接，也使我国成为继苏联和美国后，第三个完成太空对接的国家。2012 年，"神舟九号"与"天宫一号"完成对接，航天员进入"天宫一号"，中国首次载人交会对接取得成功。2013 年，"神舟十号"飞船与"天宫一号"成功对接。三名航天员进入"天宫一号"，进行了为期 12 天的实验，并进行了空间授课。

　　2016 年，我国"天宫二号"空间实验室成功发射。2019 年 7 月 19 日，"天宫二号"受控再入大气层，标志着中国载人航天工程空间实验室阶段全部任务圆满完成。